U0178092

"十三五"江苏省高等学校重点教材（编号：2018-2-235）

应用型本科系列教材

单片机工程应用设计与实践

主　编　罗印升

副主编　朱品伟

参　编　宋　伟　邢绍邦　李　峰

西安电子科技大学出版社

内 容 简 介

本书共 7 章，主要内容包括：工程应用设计方法概述、单片机工程应用项目任务、单片机工程应用项目方案设计、单片机工程应用项目方案实现、单片机工程应用项目调试与分析、用户手册编写和单片机技术及应用综合训练要求与任务。

本书贯彻了工程教育认证的产出导向理念，符合当前单片机工程应用设计与实践的教学需求，可作为大学本科电气信息类、机械设计及其自动化、机电一体化、测控技术与仪器等专业工程实践训练或者课程设计的指导用书，也可作为自学者的读本。

图书在版编目(CIP)数据

单片机工程应用设计与实践/罗印升主编. —西安：西安电子科技大学出版社，2021.6
(2022.4 重印)

ISBN 978 - 7 - 5606 - 6089 - 9

Ⅰ. ① 单…　Ⅱ. ① 罗…　Ⅲ. ① 单片微型计算机-程序设计　Ⅳ. ① TP368.1

中国版本图书馆 CIP 数据核字(2021)第 123641 号

策划编辑　高　樱
责任编辑　杨　静　高　樱
出版发行　西安电子科技大学出版社(西安市太白南路 2 号)
电　　话　(029)88202421　88201467　　邮　编　710071
网　　址　www.xduph.com　　　　　　电子邮箱　xdupfxb001@163.com
经　　销　新华书店
印刷单位　陕西天意印务有限责任公司
版　　次　2021 年 6 月第 1 版　2022 年 4 月第 2 次印刷
开　　本　787 毫米×960 毫米　1/16　印张 8
字　　数　153 千字
印　　数　1001～2000 册
定　　价　26.00 元

ISBN 978 - 7 - 5606 - 6089 - 9/TP

XDUP 6391001 - 2

＊＊＊如有印装问题可调换＊＊＊

前　　言

　　"单片机应用综合训练"或者"单片机应用课程设计"是本科院校电气、自动化以及电子信息等专业的重要工程基础实践课程，是学生应用所学单片微型计算机（简称单片机）硬件原理与软件编程知识进行工程实践训练的重要课程，对培养学生应用单片机知识解决实际问题的能力起着重要的支撑作用，也是学生继续学习专业课程、做好毕业设计的重要基础。

　　单片机作为一种微控制器在工程实践中得到了广泛的应用。对工科应用型本科院校来说，如何做到既注重基本知识、基本原理和基本技能，又突出工程实践教育，最终达到培养学生工程实践能力的目的，是一个需要不断探究的问题。如何做好单片机应用实践教学工作，一直是作者思考和实践的重要任务。本书以作者承担完成的中国工程院工程科技人才培养研究项目的总结成果为基础，以典型项目为案例，从工程应用设计方法概述入手，按照单片机工程应用项目任务→项目方案设计→项目方案实现→项目调试与分析→用户手册编写等解决单片机工程应用问题的思路逐步展开而组织教材内容。在使学生理解和掌握一般设计方法的基础上，实现培养学生综合运用知识解决工程实际问题能力的目标。通过学习本书，学生可获得的能力包括：项目任务及分析，设计/开发具体的单片机硬软件解决方案，设计程序流程图和编写程序的能力；合理选择和使用现代信息技术工具完成系统的设计、仿真、调试、数据测量和分析的能力；完成项目总结，撰写综合训练（课程设计）总结报告的能力等。

　　为了便于学习，本书配有案例项目实现过程和结果的视频资料（通过扫二维码查看）；第7章提供了10个具有典型工程应用背景的项目，作为课程综合实训教学的具体项目，后续将会不断扩充项目数量。

　　本书贯彻了工程教育认证的产出导向理念，能够满足当前"单片机应用综合训练"或者"单片机应用课程设计"的实践教学需求，可作为大学本科电气信息类、机械设计及其自动化、机电一体化、测控技术与仪器等专业工程实践训练或者课程设计的指导用书，也可作为自学者的读本。

　　本书由罗印升担任主编，朱品伟担任副主编。罗印升编写第1章，宋伟、罗印升编写第2章、第6章，朱品伟编写第3章、第5章，邢绍邦编写第4章，李峰、罗印升编写第7章。

全书由罗印升统稿和定稿。

　　书中参阅的资料均列入每章后的参考文献中，若有遗漏请大家指正，在后续修订中将补充。由于作者的学识水平有限，书中难免有不妥之处，恳请读者批评指正，我们将及时发布更正信息。

作　者

2021 年 3 月

目　　录

第 1 章　工程应用设计方法概述

教学目标：理解一般工程应用项目设计的基本方法，为后续各章节的学习奠定基础。

本章以高等工程教育中工程设计能力培养为主线，明晰了高等工程教育培养现代工程师的目标，阐述了工程设计能力是现代工程师必须具备的核心能力。在确立设计与工程设计及其内涵的基础上，归纳总结了工程设计的基本流程及其各环节的任务和分析评价方法，提出了院校工程教育阶段工程设计能力培养的实施环节、途径和方法，同时对和工程设计方法密切相关的技术预研、产品开发和技术开发这三个概念及其内涵做了介绍，为工科大学生学习和运用好工程设计方法提供了方法上的指导，从而使工科大学生在学校教育阶段能够比较熟练地掌握工程设计的基本方法，培养初步的工程设计能力，为走上工作岗位后通过工程项目的历练持续提升工程设计能力奠定扎实的基础。

1.1　现代工程师的能力要求

高等工程教育的人才培养目标是工程师或者说是工程师的毛坯。中国特色社会主义现代化建设需要大量的多层次、多类型的现代工程师，我们必须用符合时代要求的先进的现代工程教育观来指导现代工程师的教育培养。理论知识、理论教学和实践教学、工程实践训练之间的关系、地位与内容融合问题一直是高等工程教育的核心问题，因而其改革的重点和策略一直围绕着此核心问题展开。工程教育实践使教育者深刻认识到：培养现代工程师，必须坚持科学教育与工程实践训练并重的核心理念。二者并重并统一于工程师培养过程的工程教育观是现代工程教育观的核心内容。现代工程对现代工程师的基本素养和能力要求也证明了现代工程教育观的科学合理性。现代工程已经形成了以社会公共服务、市场需求为源驱动力，以研究开发、技术设计、制造运行、营销管理和咨询服务等为主要服务环节，以有效供给市场、提高供给质量为目的，以绿色技术、绿色制造、绿色产品和资源循环为理念的工程生命周期，如图 1-1 所示。其中，最基本的是研究开发、技术设计、制造运行和营销管理，设计处于中心地位，是联系它们的纽带。设计活动的驱动输入是基于主体需求和研发的初步试验品，其输出结果是明晰、规范的纸质和电子图式(图示、图形)模型、程序及操作流程和相应的技术说明文档，也包括在不同的设计阶段试制的样机或实物模型。制造(建造)的驱动输入是设计输出的结果，其输出是投放市场或服务社会的工业产品

(软件、硬件)与服务。在经营销售与服务活动过程中,工业产品完成自己的寿命(主要是产品或者设备的技术寿命和经济寿命),从而为下一代产品设计提供新的需求和技术信息。这就要求现代工程师必须掌握扎实的自然、人文社会和管理科学基础知识,掌握以技术科学为主要学科基础的工程技术专业知识与技能,并能够综合应用科学的知识、方法和技术手段分析和解决各种工程实际问题。美国相关研究人员经过大量研究论证,发现产品成本的70%由设计阶段决定,有效的设计能够提高产品质量、减少成本、缩短生产周期,更好地满足客户的需求。因此,工程设计能力包括工程创意创新设计能力,是现代工程师必备的核心能力,其决定着国家工业化水平和创新能力水平。必须将工程设计能力培养,包括科学知识、工程设计理论方法、工具手段和创新意识、能力等贯穿于工程教育全过程。

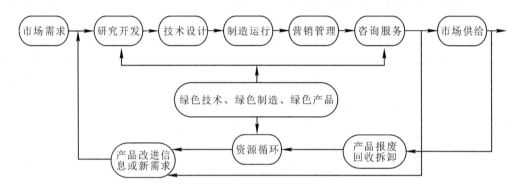

图 1-1　现代工程或产品的生命周期

1.2　设计与工程设计

1. 设计

《辞海》对"设计"一词的解释是:"根据一定的目的要求,预先制订方案、图样等,如厂房设计。"也就是说,设计是有目的性的,基于某种需求,需要有创意构思和设想计划,是一种创造性活动。根据工作对象不同,设计可分为工程设计、工业设计、环境设计、视觉传达与媒体设计、信息与交互设计和手工艺设计等。工程设计注重功能、性能、结构、材料、环境、成本、程序和工艺设计等。工程设计的内涵通常是指对工程项目的周密计划。在工厂、矿山、铁路、桥梁及其建筑工程建设之前,按照国家标准,结合生产实践、科学技术及经济发展情况,经过调查研究和科学分析,进行周密思考以及计算绘图工作,最后提供作为建设施工依据的设计文件及图纸的过程。工程设计一般分为初步设计和施工图设计两个阶段。对技术特别复杂的工程项目,有时采取三阶段设计(初步设计、技术设计和施工图设计)的方式。设计是基于某种需求的有目的性的创造活动,设计需要有创意构思和设想计划。在我国 2012 年公布的学位授予和人才培养学科门类设置中，设计学第一次独立地以一级学科的形式出现。设计学的主要研究领域有工程设计、工业设计、环境设计、视觉传达与媒体设计、信息与交互设计和手工艺设计等。

2. 工程设计的内涵与发展

《辞海》中关于工程设计概念的外延侧重于建造性工程设计，实际上除建造性工程设计外，还有大量的不断延伸和拓展的制造性工程设计。这里主要讨论制造性工程设计，就是将多种材料经过多个复杂的加工处理过程，做出一种新的复合材料或者产品、设备、装置、装备和系统的工程设计方法。工程设计的研究内容注重功能、性能、结构、材料、环境、成本、程序、工艺和流程等。文献[7]将工程设计的内涵概括为：工程设计实际上是求解一个工程问题的思维和实践过程。进一步说，也就是在给定的初始状态和各种约束条件下，经过构思和创造，解决有关参数的选择与优化问题，设备工具与工序的选择问题，各种界面的衔接与匹配问题，工程组织管理问题，效率、效力和功能的提升与优化问题，形成一个能够从初始状态经过一系列中间环节转化为现实目标状态的设计结果的活动过程。该设计结果可以是工程设计图纸、运作方案、工程规划(计划)、工程规范和工程标准等，更为显著的特征是在工程实践中依据这些工程设计结果可以建造或者制造出人造物。

随着科学技术和工程技术的不断发展，工程设计的演化大体可分为传统工程设计、现代工程设计和创新设计三个阶段。传统工程设计指工业革命之前的工程设计活动，是基于个体和手工作坊的师徒口头传授经验和技艺的设计，设计工作主要在于产品或系统功能的构造。工匠既是设计者、制造者，也是销售者。制造过程主要依靠手工完成。现代工程设计开始于工业革命之后，特别是电气化时代的出现，使社会化机器大生产产生了分工，设计逐渐和制造分离开来，逐步形成了专业的设计工程师。这时，大学也将工程设计作为课程教学的内容。1852 年，德国 Reuleaux 教授编写的包含工程设计内容的《机械原理》教材问世。工程设计主要基于现代科学技术知识，创造应用价值，通过市场竞争与选择创造经济品牌价值。在此阶段，工程设计理论与方法学、工程设计方法与技术、设计自动化方法和技术、设计工具等逐步建立、形成和发展。工程设计被确定为广义制造中的核心和灵魂。20世纪 60 年代，美国、英国和德国发起了一系列关于工程设计的研究活动。德国提出了"提高竞争力的关键在设计"的口号，对工业中获得的经验进行提升和理论概括。1976 年，Pahl 和 Beitz 教授的《工程设计学》问世，随后被译成包括中文在内的 7 种语言，成为指导工程设计的经典著作。美国主要通过从外部观察对工程设计过程进行归纳概括，目的在于建立工程设计理论和支持工具。目前国内流行的仿真、工程设计支持软件几乎全部是美国公司的产品。基于传统工程设计、现代工程设计而成长起来的创新设计，设计的过程、方法、对象、制造和经营服务都依赖于互联网环境、知识信息大数据，设计更具有个性化、定制式和系统创新的特征，设计以绿色化、数字化、网络化和智能化为未来发展方向。在产品的全生命周期内，以系统建模与优化计算等先进工程设计技术为支撑，建立具有丰富设计知识库和模拟仿真的数字化智能设计系统，并能够在不同地域的虚拟数字化环境里并行、协同地完成全数字化产品设计，结构、功能和性能的计算、优化仿真和整体装配运行。创新设计是我们今后努力的方向和目标，通过创新设计引领我国步入制造业强国、现代化国家的行列。创新设计的实施需要大量掌握创新设计理论、技术和方法的人才支撑，以工程设计的教授与学习为核心的工程设计教育已成为高等工程教育培养现代工程师的核心内容。

3. 工程设计的显著特点

世界著名空气动力学大师西奥多·冯·卡门说：科学家发现（Discover）已经存在的世界；工程师创造（Create）一个过去从来没有的世界。后来有人补充说：艺术家想象（Imagine）一个过去和将来都"不存在"的世界。因此，"科学发现""技术发明""技术创新"和"工程设计"成了固定搭配词语。工程设计把工程和科学明显地区分开来。科学研究只有第一，没有第二；工程问题的解答具有非唯一性，是在多项约束和矛盾冲突中协调实现的。工程设计方法和科学方法之间的比较见表 1-1。工程设计的显著特点包括创造性（Creativity）、复杂性（Complexity）、选择性（Choice）和妥协性（Compromise）。创造性，即工程设计需要创造出先前不存在的甚至不存在于人们观念中的新东西；复杂性，即工程设计总是涉及多变量、多参数、多目标和多重约束下的复杂问题求解；选择性，即在不同的层次和范围上，工程设计都必须在多个不同的解决方案中做出合理选择；妥协性，即工程设计者常常需要在多个相互冲突的目标及约束条件之间进行权衡、协调和折中。工程设计要求工程师以工程可实现性为必需前提条件，针对实际的工程问题给出可行的、可操作的实施方案。

表 1-1　工程设计方法和科学方法的比较

比较项目	工程设计方法	科学方法
问题来源与驱动力	人、经济、社会发展需求	研究者的兴趣与好奇心
目标	新的人造物	产生新知识
前提条件	现有工艺、设备与技术状况，可实现性	现有知识、自然现象和科学假设
主要表达方式	图形、图示、图纸和规则	概念、定义、公理、定律、定理和公式
使用方法	可行性分析、工程设计、工程施工或生产制造	逻辑分析、实验验证、推理证明
文化传承	工程规范、规则、工程知识和工程教育	科学知识和科学教育

1.3　工程设计基本方法

国民经济各个产业部门,特别是细分的各工程领域,在其单元(部件)、设备、系统及其产品或者工艺流程的设计方法上各有特点,综合各方共性,讨论一般工程设计的基本环节、内容要求,对提高工程设计教育质量,培养适应创新驱动发展战略的工程技术人才具有重要意义。从工程活动的全过程看,工程设计是其中一个影响全局的关键性阶段或者环节,工程设计方法本身有其科学合理的基本流程,工程设计的结果应该是明晰和规范的图纸、程序或者操作流程等。工程设计教育可使工科大学生获得工程设计的专门训练,遵循一个系统化的方法来完成工程设计活动。一般的工程设计方法包括需求调查与分析,设计方案制订,方案实现(图样绘制、模型制作),方案测试(调试)、评估与优化和用户手册编写等基本环节,是一个反复的动态过程。工程设计方法的描述如图 1-2 所示。

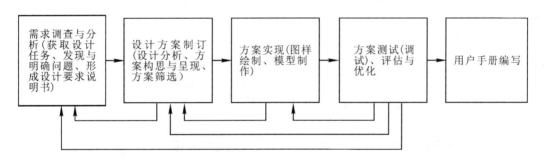

图 1-2　工程设计基本方法框图

1. 需求调查与分析

需求调查与分析即获取设计任务,发现与明确工程设计问题,并形成设计要求说明书。工程设计是求解一个工程问题的思考和实践过程,其以需求为驱动力,从需求调查开始进行信息分析,发现与明确需要解决和值得解决的工程设计问题,进而准确明晰地描述设计任务,将设计任务转化为设计要求,形成设计要求说明书。设计要求说明书的主要内容包括设计对象的总体目标、功能要求、性能指标(技术指标或总体技术水平的要求)、结构外观要求、环境目标要求、安全性要求、可靠性要求、成本要求和时限要求等。

1) 发现问题的途径与方法

问题来源于人们的生存、生产和生活之中,可以是人们面临的共同问题,可以是需求者(或者称客户)提出的问题,也可以是对已有设计的升级改进,进而形成系列化产品的设计问题,还可以是设计者本人针对性地发现的问题等。这些都需要我们独具慧眼地去观察、发现。我们日常生活中的一个偶然事件、一个器物和一个偶然现象都能够启发或激励一个问题的发现，有目的、有计划地长期观察也能够发现问题；有目的地通过互联网大数据挖掘和分析或者其他途径以问卷调查法、询问法或者文献分析法等作为基本方法，收集并分析信息也能够发现有意义的问题；此外，有目的地进行技术研究与技术试验也是发现问题的重要途径和方法。

2）问题描述

问题描述就是要给出发现问题的定性界定和定量描述，包括明确问题的具体内容、研究的必要性与可行性、受到的约束和限制等，以确立具体的设计要求，进而形成工程设计计划。设计的问题是否清晰、具体和明确，可以从三个方面来进一步考察和确认：问题本身的表述是否清楚；产生问题的原因是否明确；解决问题的目标是否明确。问题研究的必要性与可行性可以通过如下几个方面进行判断：问题是否符合基本的科学原理和工程伦理道德；该问题目前已经解决的程度和技术水平（市场信息）；现有技术条件能否解决该问题；解决该问题的各方面成本和性价比如何；投入产出比是否可以接受；等等。设计问题所受到的约束和限制主要有两方面。一是设计对象的特点和问题解决的标准。对不同的设计对象而言，其功能、性能、结构、材料、大小、外观、安全性、可靠性、可维护性、耐用性、制造工艺等方面的设计标准不同，同时还有来自成本和环境的限制。二是工程师（设计师）所拥有的能力和条件，包括工程师（设计师）是否具有解决问题所需要的工程知识和技能，以及一定的材料、资料、仪器、设备和空间做支撑的人力、物力、财力与时间条件。若这些条件不具备，再有价值的设计也难以实现。

在完成上述需求调查与分析的基础上，工程师就可以根据设计任务提出具有一定可行性的具体的设计要求，主要内容包括设计对象的总体目标、功能要求、性能要求（技术指标或总体技术水平的要求）、结构外观要求、环境目标要求、安全性要求、可靠性要求、成本要求和时限要求等。

2. 设计方案制订

设计方案是实现工程设计要求的总体思路和概要，是全局性概念设计（Conceptual Design）的开始。因此，必须紧紧围绕上述工程设计要求说明书，收集设计所需要的信息并进行归纳与分析——设计分析；抓住设计的主要因素，发现那些最能取得希望效果的构思，提出尽可能多的设计构思，并以合理方式呈现出来——方案构思与呈现；对各种构思进行筛选，最终选出比较满意的设计方案——方案筛选。

1）设计分析

设计的最终目标是为了满足人的需求，合理的设计分析可以使设计工作少走弯路。因此，必须以人、物和环境之间的关系作为工程设计的大背景，以上述形成的设计要求中的各个要素为中心，如功能要求、性能要求、结构外观要求、环境目标要求、安全性要求、可靠性要求、成本要求和时限要求等，详尽分析并提出尽可能多的实现各项功能的解决办法。这是设计分析的主要内容和任务。形态结构图是一个很好的以功能要求来描述实现方法的工具，实际上是一个二维图表。一维（左列）的内容是设计要求中确定的每一项功能要求，另一维（首行）的内容是对应左列每一项功能要求的可能的解决方法，通常保持在 5 个左右。解决办法可以采用草图＋文字说明或者文字描述方式填写，如表 1－2 所示。表中包含了本次设计中理论上的各种可行办法的基本信息。

表 1－2　项目形态结构图

项目功能要求	选项 1/解决办法 1	选项 2/解决办法 2	选项 3/解决办法 3	…
功能 1 （发送信号）	导线	无线发射器	走进房间	…
功能 2 （接收信号）	无线接收器	手动控制杆	与绳索/滑轮相连的控制杆	…
功能 3 （转换信号）	空气压缩机	电动机	电磁装置	…
…	…	…	…	…

2）方案构思与呈现

在设计分析的基础上，每次从表 1－2 中选取一个解决办法，然后形成合集，这些合集就组成了完整的方案信息。理论上实现方案数是相当大的，但是大部分方案是不可行的。进一步将主要功能、性能等要求实现方法转化为不同的实体结构，然后将设计分析中的各要素按照一定的规律架构起来，就会形成一个抽象的人造物，进而采用功能结构图、模型、语言和文字等方式表达出来，最后产生比较具体的方案。此即为设计方案的构思与呈现过程。在方案构思过程中，启发方案构思的方法有构思草图法、仿形和组合模仿法、联想构思法和奇思妙想构思法等。构思草图是有效的技术设计交流语言，它以具体图形的形式记录和描绘设计师的想法，能够将设计构想比较明确地表达出来，并可以激发灵感。仿形和组合模仿法是在已有构思方案的基础上重组、改进或者基于仿生技术构建新的设计方案。联想构思法需要工程师（设计师）有丰富的实践经验和想象力由此及彼、广泛联系。奇思妙想构思法可能会产生当前条件下无法实现的构思，但是对开阔构思是非常有用的。此外，也常常采用综合创造性技术法帮助寻找思路，如头脑风暴法、5W-2H 提问法等等。其中 5W-2H 提问法的要义是：Why——为什么要研究该问题？为什么要采用这个原理、结构和方法？What——研究什么问题？任务是什么？目的是什么？方法是什么？约束是什么？问题与哪些要素有关？Who——谁来决策？谁来组织实施？Where——工程系统边界和环境约束在哪里？何处可做？何处最适宜？When——分析的是何时的状况？何时开始？何时完成？何时最适宜？How to——如何实现工程设计的目标？怎样做效果好？怎样改进？How much——需要多少人力、物力和财力？成本多少？有多少功能？有多少利益？有多大效率？

初步的构思方案需要进行综合和以视觉形象呈现。技术图样是将工程设计构思用图样的方式呈现出来的设计交流语言，适合于较复杂产品设计方案的呈现和详细说明。图表包括相关表格、草图和效果图，也是呈现构思方案的有效方式。通过草图、功能结构图、效果图呈现设计的构思方案，通过表格对各种方案进行比较分析。当前计算机辅助设计系统已经成为工程师进行工程设计强有力的助手，能够准确表达设计师的设计意图，其修改方便，工作效率高，已经深入到各个设计领域和设计环节，是工程设计的发展方向。

3）方案筛选

经过构思形成多个概念设计方案后，需要进行方案筛选，以设计要求说明书（设计任务中的要素）和设计中遵循的基本原则为核心，采用表格的方式对各方案进行比较和评价。由上述形态结构图所产生的概念设计方案的数量很大，设计师根据自身的工程经验需要否定一些技术难以实现的概念设计方案，进行方案数的精简。在此基础上选出 5～6 个概念设计方案，然后采用决策矩阵法产生一个比较满意的方案。决策矩阵是一个二维表：一维是设计要求说明书中的各个要素，由设计师或者团队成员根据重要性赋予 1～10 的权重（1—最不重要或最不需要的；3—较不重要或较不需要的；5—中等重要或中等需要的；8—很重要或很需要的；10—最重要或最需要的；等等）；另一维是备选的概念设计方案。设计师或团队成员必须选择基准概念，可以是可用的产品或者早期的产品或问题的明显解决方案。这样，判断概念设计方案对应于设计要求的各项要素的优劣情况，也就是判断它是好于基准，或者大体相当，或者比基准差。若好于基准，则标记为＋分；若大体相当，则标记为 0 分；若比基准差，则标记为－分。计算总分：加分数（总计＋）＝标记为＋分数之和（Σ＋分数），减分数（总计－）＝标记为－分数之和（Σ－分数），总分数＝加分数－减分数，加权总计＝Σ 每一个分数乘以权重系数。然后，把当前最好的概念设计方案作为基准，重新迭代，具体如表 1-3 所示。

方案的技术分析、经济可行性分析是必需的项目要素。技术分析是对方案中采用技术的先进性（实现给定任务的技术水平处于该技术领域的前沿。注意，设计中使用的技术常常是多项组合集成的）、实用性（实现给定任务所采用的技术既符合需求方的具体条件，又能取得最大的效果）和可靠性（产品在规定时间内和规定条件下无故障工作时间）进行分析；经济分析就是经济可行性分析，需要看经济效果。从生产规模、价格和投资等要素做出大略估算。综合上述迭代结果，最后选出比较满意的方案或者集中各个方案的优点进行改进，产生新方案。

表 1 - 3　概念设计方案决策矩阵

设计要求中的要素(特征项)	权重值	概念设计方案			
		方案 I	方案 II	方案 III	…
要素 1	10	+	0	0	…
要素 2	7	0	—	+	…
要素 3	8	—	0	0	…
…	6	…	…	…	…
总计＋		1	0	1	…
总计—		1	1	0	…
总计		0	—1	1	…
加权总计		+2	—7	+7	…

3. 方案实现

方案构思与呈现、方案筛选等完成后,下一步的工作是方案实现,即模型(原型)制作或开发原型机环节。该环节是发展构思的创造性过程,通过该环节来检验产品的造型、结构以及零部件的装配关系,对产品的设计进行调整和修改,主要包括图样绘制和制作模型两个阶段。

图样绘制包括工作原理图、整体和局部结构图(包括加工要求)、装配图等,可以使用计算机辅助制图工具软件完成。对于简单、小型的产品设计可以在图样的基础上直接制作原型。原型可以是产品本身,也可以是与产品大小相同、功能一致的实体。

复杂、大型的产品需要先制作模型。模型是根据构思、设计图样,按比例、生态或其他特征制作的与实物相似的实体。

制作模型的主要步骤为:

① 选择合适的材料;

② 装备合适的使用工具和加工设备;

③ 按设计图样画线;对材料进行加工、装配、模型表面处理;

④ 对外观、造型和色彩进行评价;

⑤ 对产品性能进行检测和试验;

⑥ 对设计方案进行修改;

⑦ 做成展示模型。在不同的设计阶段实体模型的种类有草模、概念模型、结构模型、功能模型和展示模型等,其主要用途如表 1 - 4 所示。现代设计技术使用计算机辅助设计制造技术,模型或原型、连接、装配和试验全部在计算机系统中完成,制造业的网络化、智能化是发展方向。

表 1－4　模型及其主要用途

模型种类	主 要 用 途
草模	主要用于产品造型设计的初级阶段，以立体模型将设计构思简洁地表达出来，以供设计人员交流
概念模型	从整体上表现产品造型概念，在设计构思初步完成后，在草图的基础上，用概括的方式表示产品的造型、布局安排，以及产品与人、产品与环境的关系
结构模型	用于研究产品造型与结构的关系，清晰地表达产品的结构尺寸和连接关系
功能模型	主要用于研究产品的各种性能以及人机关系，也用于分析、检查设计对象各部分组件尺寸与机体的配合关系，在一定的条件下用于试验
展示模型	为研究人机关系、结构、制造工艺、外观和市场宣传提供实体形象。在结构模型和概念模型的基础上，采用真实的材料，按照准确的尺寸，选择恰当的比例，做成的与实际产品形态高度相似的模型。展示模型也可以为方案审核提供实物依据

4. 方案测试(调试)、评估与优化

模型或者原型制作完成后，一方面需要对其进行测试以检验产品在操作、使用过程中结构、功能和技术性能等方面是否达到了预定的设计要求，另一方面需要对设计方案和产品进行全面的评估。

长期以来，在工业生产中，一直是通过一定的训练要求工人适应其所处的环境。然而，随着工程设计水平的提高这种状况将有所改观。工程设计是为人服务的，因此，在工程设计中要充分考虑人的能力，进而设计环境适应人的能力，使人机之间协调一致。此外，也要听取制造人员、销售人员、客户和潜在客户的意见，以便进一步优化设计方案。统计资料显示，设计成果质量的 $60\%\sim70\%$ 是由设计过程的质量决定的，必须加强设计过程评价。设计过程评价的主要内容有：设计过程是否完备，分工是否合理，采用的方法是否正确，各个环节的任务是否完成，形成的中间结果是否符合要求，全过程是否有质量控制和相应的监督、改进措施等。设计的一般原则包括创新性原则、实用性原则、经济性原则、美观性原则、道德性原则(产品设计必须以人为本)、技术规范性原则(设计标准、规范、规则等，有关设计开发、生产技术的知识、领域、方法和规定的总和)和可持续发展原则。设计是一项综合创新活动，各项原则之间相互制约、相互影响，必须针对不同的产品合理定位各项原则，在综合分析的基础上采取折中或妥协的办法加以平衡。

最终，工程设计评价需要将设计的一般原则和设计任务结合起来进行评价。在设计的最后阶段需要根据设计规范、标准、公式、算法、手册进行大量的认真细致的计算、制图和审核，避免失误和遗漏。

5. 用户手册编写

产品说明书也称为用户手册，是由生产单位（项目完成者）编写的向客户介绍产品（项目）性能、结构、使用方法、操作方法、维护和保养等方面知识，以及产品（项目）部件名称、数量、材料成分等，以帮助客户正确使用、保养产品，有效发挥产品（项目）使用价值的文本。产品说明书（用户手册）一般由标题、正文和标记等组成，要求语言准确、通俗、简洁，内容条理清楚。

6. 进程计划表设计

为了保证设计工作有目的、有计划地进行，必须制定设计进程计划表。设计进程计划表的典型方式是采用甘特图（Gantt Chart），如表 1－5 所示。一维以设计工作各个环节的任务为序，即需求调查与分析→设计方案制订→模型制作→方案测试（调试）、评估与优化→用户手册编写。另一维以时间为单位（天、周、月等），在此二维表中并行或者连续安排各项任务及其所需要的时间片段。

表 1－5　设计进程计划表（甘特图）

设计工作环节及任务		时间分配（月/周）											
		1	2	3	4	5	6	7	8	9	10	11	12
需求调查与分析	发现问题	■											
	明确问题		■										
	形成设计要求说明书		■	■									
设计方案制订	设计分析	■	■	■									
	方案构思与呈现			■	■	■							
	方案筛选					■							
模型制作	绘制图样					■	■	■					
	制作模型							■	■				
方案测试、评估与优化	测试								■				
	评估									■			
	优化										■		
用户手册编写	使用和维护说明											■	

1.4　工程设计能力培养

目前，我国仍然处在工业化建设、迈向现代化强国的关键阶段，迫切需要大量工程科技人才。工程设计方法是工程科技人才必须掌握的第一重要的方法，工程设计能力是工程科技人才第一位的实践能力。工程设计教育的主要任务是培养工科学生的工程设计能力，工程设计能力培养必须以掌握和运用工程设计方法为主要内容。院校工程教育中的工程实践训练担负着培养学生工程实践能力，特别是创新设计能力的重任，通过工程实践教育、训练，着力培养学生的工程实践能力、工程设计能力和创新能力。在学校工程教育阶段，必须把工程设计理论知识和方法很好地贯彻到工程科技人才培养过程中。

（1）以"工程设计方法"导论课程为先导，结合典型的工程项目和产品制造过程，将一般意义系统化的工程设计理论和方法教授给学生。

（2）以掌握现代工程设计理论、方法、工具和手段为核心内容，结合专业领域的设计内容，设置由基础实践技能、初步设计能力、综合创新设计等组成的逐层深化的工程设计实践训练体系，突出系列化课程设计、科技创新训练、毕业设计等的设计特色。在系列化课程设计中，通过明晰需求、设计优选方案、设计与制作硬软件、安装（装配）、综合调试、撰写设计报告与汇报交流等环节，以掌握工程设计方法与现代设计工具，培养学生的工程实践能力与创新意识；在毕业设计中综合运用多方面知识、技术方法和工具，提出解决实际工程问题的满意方案，撰写规范的设计总结报告，进行答辩和交流。

（3）在工程设计方法的实施过程中，着力培养学生的工程实践能力、工程设计能力和创新设计能力。在设计满足任务的系统、结构、流程、控制单元（部件）技术方案中体现创新意识，并综合考虑社会、健康、安全、法律、文化及环境等因素。

1.5　技术预研、产品开发和技术开发的关系

作为与工程设计方法密切相关的内容，技术预研、产品开发和技术开发这三个概念及其内涵在杨毅刚高级工程师编著的《企业技术创新的系统方略》一书中有所阐述，本节参阅并做概况介绍。在规模以上企业中都有研发部，通常将产品研发统称为 R&D。其中，R（Research）是指技术研究，也称为技术预研；D（Development）是指技术产品开发。这两者的目的和实现方式是有区别的。

1. 技术预研

技术预研是指为获取并理解新的科学或未知的技术知识而进行的独创性、探索性研

究,是为进一步的开发活动进行资料及原理方面的准备,对将来是否会转入开发有较大的不确定性。因此,技术预研是为了攻关、突破和掌握一些原本未掌握的技术的研究活动,以突破技术的创新性为主要目的,追求的是技术的原创性。

技术预研的驱动源主要有三个方面(以信息通信网络产业为例):

(1) 对未成熟的新器件和技术的研究,对关键技术无把握,市场需求尚不能完全定量描述,但具备明显牵引作用的技术预研;

(2) 业界虽已成熟,但本企业积累较少、风险较大的技术预研;

(3) 对未成熟的新标准及草案的研究,以及所涉及的协议、算法的研究。

2. 产品开发

产品开发是指市场需求明确、关键技术风险已经基本解决,投入产出比和盈利目标清晰,并以明确的产品形态为交付物的项目。产品开发的目标不仅是实现所要求的功能和技术性能,还要实现所要求的产品低成本、交付时限、投资金额、可用性、可生产性、可维护性、安全性、可靠性、竞争力等指标。

需要强调的是,产品开发是以获取商机、获取竞争优势、满足市场需求和客户需求为目的,不是仅以技术的先进性来衡量的。

3. 技术开发

技术开发是已知的技术原理的应用技术开发,技术开发的项目成果可直接应用于后续的产品开发或者相关产品的开发。因此,技术开发是产品开发的组成部分。技术开发可进一步细分为产品平台开发、技术平台开发和技术组件开发。

参 考 文 献

[1]　罗印升,等.应用型本科院校工程实践训练体系构建[J].江苏高教,2016(3):93-96.

[2]　罗印升,等.高等工程教育与工程设计能力培养[J].江苏理工学院学报,2016,22(6):78-83.

[3]　罗印升,等.工程设计方法及其在人才培养中的实施[J].江苏理工学院学报,2017,23(2):73-79.

[4]　余寿文,等.中国高等工程教育与工程师的培养[J].清华大学教育研究,2004,25(3):1-7.

[5]　雷庆,等.工程设计与工程设计教育的历史解读[J].高等工程教育研究,2014(1):38-44.

[6]　辞海编辑委员会.辞海[M].上海:上海辞书出版社,1989.

[7]   殷瑞钰，等. 工程哲学[M]. 2 版. 北京：高等教育出版社，2013.

[8]   路甬祥. 关于设计进化的再思考[J]. 机械工程导报，2014(2)：3 - 5.

[9]   冯恩培. 设计、创新及其发展环境[J]. 机械工程导报，2014(2)：24 - 28.

[10]   周济. 制造业数字化智能化[J]. 机械工程导报，2013(1/2)：3 - 9.

[11]   顾建军，等. 技术与设计 1[M]. 3 版. 南京：江苏教育出版社，2009.

[12]   厚植，等. 工程设计方法导论[M]. 北京：航空工业出版社，1988.

[13]   HAIK Y. 工程设计过程[M]. 李熠，译. 北京：清华大学出版社，2005.

[14]   杨毅刚. 企业技术创新的系统方略：集成产品开发模式(IPD)应用实施[M]. 北京：
人民邮电出版社，2015.

第 2 章　单片机工程应用项目任务

教学目标：指导学生掌握以项目功能描述和相应的性能指标为主要内容来明确表达工程应用项目任务书的方法。

本章首先对项目及其相关概念内涵进行了介绍，然后对国家计划项目的立项、项目验收程序及内容进行了详细说明。在此基础上，从产品开发立项建议受理、产品开发立项评估和产品开发立项指令下达三方面阐述了企业研发项目的实施过程。最后，以"模拟智能物流输送带控制装置"项目为例，对项目任务进行了分析描述，具体化为功能及其性能指标要求。

2.1　项目及其相关概念

企业一般是指以盈利为目的，运用各种生产要素（土地、劳动力、资本、技术和企业家才能等）向市场提供商品或服务，实行自主经营、自负盈亏、独立核算的具有法人资格的社会经济组织。实体企业（生产性企业）以产品研发作为企业项目的核心内容。企业研究开发活动是指为了获得科学与技术（不包括社会科学、艺术和人文学）的新知识，创造性运用科学技术新知识，或实质性改进技术、产品（服务）、工艺而持续进行的具有明确目标的活动。这些活动通常以企业自主立项的形式开展。

横向委托项目：机关、企事业单位及个人委托（提供经费）研究开发的计划科技项目。

国家（地方）科技计划项目：以国家（地方）财政投入为主的各类科技计划项目，在国家（地方）科技计划中实施安排，由单位或个人承担，并在一定时间周期内进行的科学技术研究开发活动，如 863 计划、国家科技攻关计划、基础研究计划等。大项目可以根据目标任务分解设置多个课题（也称为子课题）。

立项研发活动中常常会用到规范标准、产品或者系统的功能、性能等，这里参照国家规范标准对其界定如下：

（1）规范标准（Specification Standard）：规定产品、过程或服务需要满足的要求以及用于判定其要求是否得到满足的证实方法的标准。

（2）功能（Function）：标准化对象所具有的或预期能产生的作用。

（3）性能（Performance）：反映产品功能的某种能力（达到的程度）。

（4）效能（Efficacy）：反映过程或者服务功能的某种能力。

（5）特性（Characteristic）：标准化对象所具有的可被辨识的特定属性（通常被赋值）。

2.2　国家（地方）计划项目

国家科技部在计划项目管理办法《科学技术部令第 5 号——国家科技计划项目管理暂行办法》中对项目的开展作出了规定。项目管理工作通常包括项目立项、项目实施管理、项目验收和专家咨询等。下面将重点对项目立项和项目验收进行介绍和说明。

1. 项目立项

项目立项一般应包括申请、审批和签约三个基本程序。在启动项目申请工作前，政府部门根据科技发展规划和战略，发布项目指南或优先领域，并依据计划的性质、宗旨和功能定位，明确申请项目的选择范围、领域、性质、规模、目标方向等，确定项目申报的时间、渠道和方式。

1）项目申请

项目申请应提供以下三部分材料：

（1）项目申请表。

（2）项目建议书（由申请者按照科技部要求的内容框架编写）。

项目建议书的内容和框架一般应包括：

① 立项的背景和意义；

② 国内外研究现状和发展趋势；

③ 现有研究基础、特色和优势；

④ 应用或产业化前景、科技发展或市场需求；

⑤ 研究内容与预期目标；

⑥ 研究方案、技术路线、组织方式与课题分解；

⑦ 年度计划内容；

⑧ 主要研究人员和单位简况及具备的条件；

⑨ 经费预算；

⑩ 有关上级单位或评估机构的意见。

（3）项目建议书的附件（与项目建议书内容有关的证明材料、专家评议意见、相关单位的项目推荐意见）。

2）项目审批

项目管理部门对项目建议书进行讨论、咨询和审查后，符合条件并通过审查的项目，可以进行项目可行性报告的论证或评估。可行性报告的主要内容如下：

① 项目的背景和意义；

② 国内外研究开发现状和发展趋势（包括知识产权状况）；

③ 拟承担单位的技术优势和条件；

④ 项目目标、研究内容和关键技术；

⑤ 技术路线方案、课题分解；

⑥ 经费的预算；

⑦ 年度进度和目标；

⑧ 预期成果；

⑨ 项目负责人的技术水平和组织管理能力介绍；

⑩ 有关上级单位的意见。

可行性论证或评估报告应对项目给出可行、不可行或需作复议的明确结论意见，并交科技部专项计划部门负责审核。对通过可行性论证审核的项目，以发文的形式给予批复，并根据管理公开制度在相关范围或媒体向社会公众发布列入计划项目公告。

列入国家科技计划的项目，科技部专项计划部门根据不同计划的性质，通过合同或计划任务书形式，确定项目各方的权利和义务。由项目承担者依据批准的项目可行性研究报告填写合同或计划任务书。

3）签约

项目的合同或计划任务书的文本由科技部专项计划部门依据有关法律法规统一设计和印制，合同或计划任务书应包括以下内容（可扫描右侧二维码查看合同范本）：

（1）项目编号、项目名称和项目密级；

（2）合同甲方或计划任务下达部门；

（3）合同乙方或计划任务承担单位（人）和任务责任人；

（4）立项背景与意义；

技术开发（委托）合同

（5）主要任务、关键技术；

（6）验收考核指标；

（7）实施方案、技术路线与年度计划进度；

（8）经费预算和用途；

（9）承担单位的保障条件与经费配套；

（10）科技成果及其知识产权的归属和管理；

（11）涉密项目的科技保密义务；

（12）争议解决方法。

注：对于执行结果可测的项目，合同中的研究和考核指标，必须量化；对于执行结果不可测项目，合同中的研究和考核指标，必须有准确含义的定性说明。

对于合同或计划任务书，经签约各方共同审核后，方可履行签订手续。合同或计划任务书由科技部专项计划部门核准后方能生效。

2. 项目验收

项目验收工作需在合同完成后半年内完成；项目承担者在完成技术、研发总结的基础上，向项目组织实施管理机构提出验收申请，并提交有关验收资料及数据；项目组织实施管理机构审查全部验收资料及有关证明，合格的向科技部专项计划部门提出项目验收申请报告。

科技部专项计划部门批复验收申请，并委托项目组织实施管理机构组织验收。验收一般应委托有关社会中介服务机构对研究开发成果完成客观评价或鉴定后进行。项目验收以批准的项目可行性报告、合同文本或计划任务书约定的内容和确定的考核目标为基本依据，对项目产生的科技成果水平、应用效果和对经济社会的影响、实施的技术路线、攻克关键技术的方案和效果、知识产权的形成和管理、项目实施的组织管理经验和教训、科技人才的培养和队伍的成长、经费使用的合理性等应作出客观的、实事求是的评价。

项目承担者申请验收时应提供以下验收文件、资料以及一定形式的成果（样机、样品等），供验收组织或评估机构审查：

(1) 项目合同书或项目计划任务书；

(2) 科技部专项计划部门对项目的批件或有关批复文件；

(3) 项目验收申请表；

(4) 科技成果鉴定报告；

(5) 项目研发工作总结报告；

(6) 项目研发技术报告；

(7) 项目所获成果、专利一览表（含成果登记号、专利申请号、专利号等）；

(8) 研制样机、样品的图片及数据；

(9) 有关产品测试报告或检测报告及用户使用报告；

(10) 建设的中试线、试验基地、示范点一览表、图片及数据；

(11) 购置的仪器、设备等固定资产清单；

(12) 项目经费的决算表；

(13) 项目验收信息汇总表。

验收小组的全体成员应认真阅读项目验收全部资料，必要时，应进行现场实地考察，收集听取相关方面的意见，核实或复测相关数据，独立、负责任地提出验收意见和验收结论。

项目组织实施管理机构根据验收小组/评估机构的验收意见，提出"通过验收"或"需要复议"或"不通过验收"的结论建议，由科技部专项计划部门审定后以文件正式下达。

2.3　企业研发项目

企业研发项目以产品研发立项为主，其主要包括产品开发立项建议受理、产品开发立项评估、产品开发立项指令下达等过程。实施时可以采用自主研发的方式，也可以采用横向委托项目的方式由其他企业、高校或者研究单位承担。

1. 产品开发立项建议受理

产品开发立项建议是定位一个新的市场空间，指出该市场空间的时效性、新产品与现有产品的关系、新产品的主要技术特征及功能等，侧重于产品的外部生产环境分析。其主要包括：产品立项建议的收集，产品需求分析文档的建立，产品商务方案的提出，产品规划方案的提出和批准等。

产品立项建议书可以由企业的任意一个部门提出，其各部分详细内容如下：

（1）产品需求分析文档建立是在收集到的建议基础上建立产品需求的正式文档，主要包括市场的描述、市场的划分、用户群的需求、用户的收益来源、用户的商业盈利模式、企业自身的盈利模式、分析及投资的形式等。

（2）产品商务方案的主要任务是研究商机，主要包括可行性研究、对环境因素进行全面评价、对竞争对手进行分析、合作伙伴的提出、专利及许可的策略、标准化的研究、预算的提出等。

（3）产品规划方案主要包括产品结构、功能划分、备选方案、制造策略、购买决策的路线图、产品生命周期的估计、产品推介策略、预算及资源管理、产品风险管理等。

通过上述（1）～（3）的审核评估，就可以组建产品开发团队（Product Development Team，PDT）。

2. 产品开发立项评估

产品开发立项评估的主要工作是通过描述产品的特征需求来定义产品，着重分析产品在预期时间内的可实现性，更侧重于产品的内部特性。产品开发立项评估的过程与任务可描述为：完成对产品的特征需求评估，对产品的可行性研究，从系统角度进行预分析，从实现的角度进行分析等。最后由 PDT 与产品开发部签署产品开发协议，产品研发正式立项。

（1）特征需求评估。将分析和搜集到的信息，包括市场研究、现场经验、竞争对手分析、客户信息、标准信息、产品质量、环境需求、内部开发需求和供货商信息等归档整理。然后提炼出主要的特征需求（可以划分为外部需求和内部需求。外部需求包括客户需求和市场需求，内部需求包括中试、生产、销售、服务、成本及其盈利的需求等），如产品的成本上限、目标市场、基本特征、结构形式、上市时间和优先级别。这个阶段也是产品研发的概念阶段或者称之为产品策划阶段。之后经过评审，可进行下一步的产品可行性研究。

（2）产品的可行性研究。可行性研究阶段或者称之为产品计划阶段，是根据特征需求对产品进行总体设计（利用技术分解方式实现产品需求规格、特征的过程，是分解产品的过程。把产品规格和特征分解到软件总体、硬件总体、结构造型设计方案、工艺总体、装备总体等环节上）。要确定产品在应用系统中的位置、各种接口的定义、产品功能级别划分，分析对系统其他部分的影响及对技术解决方案、可能的替代方案、制约条件、产品技术规范、参考资料的列表等内容进行描述。由决策层评审，结果可能取消，或者要求变更产品需求重新进行评估，或者通过，进入预分析阶段。

（3）预分析阶段。这个阶段就是产品的预开发阶段，包括：进行产品的初始总体设计，划分产品模块，确定内部模块的功能及接口，对没有掌握的技术单独开展预研并寻找替代方案，对产品成本和开发强度进一步分析，确定产品系统级的仿真环境，用仿真结果验证产品的可行性，确定产品的系统级测试及验证环境，检查每一个特征思路或解决方案是否有可能成为某一项专利的基础，提出专利计划。

（4）分析。分析阶段需要对产品所有模块的可实现性进行确认，包括：对所有软件子系统、硬件子系统、电路板的可实现性的证明，对未采用过的技术要有测试结果证明，对所有软、硬件模块测试环境的确认以及可实现性的证明，各模块有关模块特征需求的技术要求文档的建立，各模块功能实现所需要的工作量及时间的确定，产品的技术指标要求、测试规范，产品实现所需要的经费及资源条件等。

3. 产品开发立项指令下达

立项评估的 4 个阶段评审通过后，进入产品开发立项阶段。决策层与 PDT 签署产品开发协议，PDT 与企业相关部门签署商务计划协议。

产品开发协议的主要内容包括：产品应达到的技术规范要求、技术指标要求、测试规范要求、项目的完成时间、资金需求、人力资源需求、资源条件需求、产品开发项目管理计划、产品成本的上限要求、项目负责人的确定等。

商务计划协议的主要内容包括：产品售前推介计划，元器件、外协部件等厂商的选择及相应成本的控制，预期售价的确定，产品上市预期时间的确定，中试、生产环节的启动时间等。

2.4　单片机工程应用项目任务举例

随着信息技术特别是互联网技术的全面渗透，全球制造业正在经历颠覆性变革，数字化、网络化、智能化发展不断深入，物流输送带作为自动化系统或者货物自动分拣系统的重要组成部分，具有基本的物流控制和计数统计功能。不合理的物流控制会增加物品或零件的等待时间，降低系统效率，严重的会造成物流堵塞，影响企业生产效益。据统计，一个产品在其生产周期中的等待时间占比要达到 90% 以上，而产品生产时间在其生产周期中的占比却很少，影响因素主要为制造系统中物料的流动时间。若物料在生产线周边堆放太多则会影响正常的生产活动，占用车间内过多的场地，浪费车间的利用率；反之则会造成物料供应短缺，使得产能降低，极端情况下会造成生产线停产。因此，合理地配送物料是减少产品堵塞，提高效率，缩短交货周期的关键。工厂物流涉及制造业过程中各个环节的运输，要在如此多的环节中寻找突破口，车间内部的生产物流就成为改善各个工厂物流的重要选择。此外，物流公司的货物输送系统也同样具有上述特点，是一个典型例子。

2.4.1　模拟智能物流输送带控制装置项目任务描述

这里以"模拟智能物流输送带控制装置"（简称装置）为例对项目需求进行分析总结，可以描述为：系统需要实现来料（货物）重量检测与类型判断、输送带传输方向自动控制、超重自动记录及其报警、物品计数等功能。

2.4.2　具体功能及其性能指标要求

1. 空载、过载监测

空载、过载监测是通过安装在输送带上的压力传感器来检测，需要选择合适的压力传感器。本项目中使用电位器输出电压 $U_。$ 来模拟压力变送器的输出信号，由 A/D 转换器实时采集电位器输出的电压，就可以模拟完成货物空载、过载监测功能（前提条件是：电压信号与货物的重量呈线性关系）。功能与技术指标如下：

（1）当 $0 \leqslant U_。 < 1$ V 时，判断为空载，黄色指示灯点亮，所有数码管熄灭；

（2）当 $1 \leqslant U_。 < 4$ V 时，判断为非空载，货物被填装到传送起始位置，绿色指示灯点亮；

（3）当 $U_。 \geqslant 4$ V 时，判断为过载状态，红色指示灯以 500 ms 为间隔闪烁提醒，同时蜂鸣器报警提示。

2. 货物类型判断

货物被填装到传送起始位置后，系统启动超声波测距功能完成货物类型判断，其结果在数码管显示器上显示，显示格式如图 2-1 所示。

1	8	8	3	2	8	8	2
界面编号	熄灭		距离：32 cm		熄灭		Ⅱ类货物

图 2-1　数码管显示界面——货物类型显示界面

（1）当超声探头与货物之间的距离小于等于 30 cm 时，判断为Ⅰ类货物，显示 1；

（2）当超声探头与货物之间的距离大于 30 cm 时，判断为Ⅱ类货物，显示 2。

3. 货物传送

在非空载、非过载的前提下，通过按键控制直流电机启动，开始货物传送过程，绿色指示灯点亮。并通过数码管实时显示剩余传送时间，倒计时结束后，传送电机自动停止运行，绿色指示灯熄灭，完成本次传送过程。数码管显示格式如图 2-2 所示。

| 界面编号 | 熄灭 | | | | | 剩余传送时间：1 s | |

图 2-2　数码管显示界面 2——剩余传送时间显示界面

4. 按键功能描述

（1）设置"启动传送"按键，该键按下后，启动货物传送过程。在空载、过载、传送过程中，该按键无效。

（2）设置"紧急停止"按键，该键仅在传送过程中有效。该键按下后，直流电机立即停止，红色指示灯以 500 ms 为间隔闪烁，剩余传送时间计时停止。再次按下该键，传送过程恢复，红色指示灯熄灭，恢复倒计时功能，直流电机启动，直到本次传送完成。

（3）设置"设置"和"调整"按键，均在空载状态下有效。按下"设置"按键，可通过"调整"按键进行Ⅰ类货物传送时间的调整，再次按下"设置"按键，可通过"调整"按键进行Ⅱ类货物传送时间的调整，第三次按下"设置"按键，保存调整后的传送时间到 EEPROM，并关闭数码管显示。通过"设置"按键切换选择到不同货物类型的传送时间时，显示该类货物传送时间的数码管闪烁。设置过程中数码管显示界面如图 2-3 所示。

| 界面编号 | 熄灭 | | Ⅰ类：传送时间2 s | 熄灭 | Ⅱ类：传送时间4 s | |

图 2-3　数码管显示界面 3——传送时间设置界面

5. 数据存储

Ⅰ、Ⅱ类型货物的传送时间在设置完成后需要保存到 EEPROM 中，设备重新上电后，能够恢复最近一次的传送时间配置信息。

6. 上电初始化状态说明

（1）Ⅰ类货物默认传送时间为 2 s，Ⅱ类货物默认传送时间为 4 s；

（2）将电位器输出电压调整到最小值，确保设备处于空载状态。

参 考 文 献

[1]　侯睿，等. 智能物流分拣传送系统设计与实现[J]. 信息记录材料，2018，19(11)：79 - 80.

[2]　徐静云，等. 基于开放式工程项目化的单片机教学改革与实践[J]. 湖州师范学院学报，2017，39(6)：60 - 64.

[3]　李敏，等. 基于工程能力培养的单片机原理及应用实验项目设计[J]. 沧州师范学院学报，2020，36(2)：125 - 128.

[4]　谢辉，等. 单片机实训课程改革与工程应用型人才培养[J]. 职业教育研究，2015(2)：60 - 63.

[5]　中华人民共和国科学技术部政务服务平台相关文件. https://fuwu.most.gov.cn/html/zxbl/zypzygls/.

[6]　张俊红. 基于 51 单片机的综合性实验项目设计和研究[J]. 教育教学论坛，2018(50)：202 - 203.

[7]　袁志强. 微项目式驱动法在《单片机原理》实践教学改革中的应用[J]. 教育教学论坛，2019(38)：117 - 118.

[8]　魏东旭，等. 项目法在《单片机原理及应用》课程教学中的应用[J]. 高教学刊，2018(13)：104 - 106.

第 3 章　单片机工程应用项目方案设计

教学目标：基于应用项目的任务书内容要求，掌握以实现项目功能和达到相应技术性能指标为基本内容的工程应用项目设计的基本方法，培养综合运用单片机知识解决工程应用问题的项目方案设计能力。

在实际的物流输送带控制装置中，货物重量检测、输送带随时启停、输送带传输方向改变、货物类型检测、超重记录及超重报警等功能必不可少。一个功能完善的物流输送带控制装置应该能实现以上全部功能。因此设计"模拟智能物流输送带控制装置"也应全面模拟以上功能的实现。通过这些功能的模拟实现，能够较全面地巩固和应用"单片机原理与应用""数字电子技术"等多门课程中所学的基本知识，初步掌握单片机工程应用系统设计的过程和方法。

3.1　单片机系统硬件电路设计基本原则

从工程应用的角度出发，单片机系统硬件电路设计最基本的原则是使用最经济的资源实现达标的系统功能。

1. 整体性原则

在设计控制系统硬件电路时，应当从整体出发，从分析电路内部各组成元件的关系以及电路整体与外部环境之间的关系入手，明确所要设计的硬件电路应具有哪些功能，各个子电路模块相互之间信号与控制关系如何，参数指标在哪个功能模块实现等，从而确定总体设计方案。

2. 功能性原则

任何一个复杂的硬件电路都可以逐步划分成不同层次的较小的电路子系统。子系统设计一般先将大电路系统分为若干个相对独立的功能部分，并将其作为独立电路系统功能模块；然后全面分析各模块功能类型及功能要求，考虑如何实现这些技术功能，即采用哪些电路来完成；最后选用具体的实际电路和合适的元器件，计算元器件参数并设计各单元电路。

3. 成熟性原则

确定设计方案应本着成熟、实用的原则，以成熟先进的元器件和电路为基础，加上对少量关键技术的攻关来进行研制，以缩短研制周期，提高研制质量。

4. 可靠性与稳定性

硬件电路是各种控制系统的心脏，决定着控制系统的功能和用途。控制系统性能的可靠性由其硬件电路的可靠性决定。电路形式及元器件选型等设计工作和设计方案在很大程度上决定了硬件电路的可靠性。在硬件电路设计时应遵循如下原则：只要能够满足系统的性能和功能指标，就尽可能地简化硬件电路结构，避免片面追求高性能指标和过多的功能；合理划分软硬件功能，贯彻以软代硬的原则，使软件和硬件相辅相成；尽可能用数字电路代替模拟电路。影响硬件电路可靠性的因素很多，而且发生的时间和程度有很大的随机性，在设计时，对易遭受不可靠因素干扰的薄弱环节应主动地采取可靠性保障措施，使硬件电路遭受不可靠因素干扰时能保持稳定。抗干扰技术和容错设计是变被动为主动的两个重要手段。模块能正确可靠的工作是模块研制的首要目标，在能保证正常工作的前提下，应在硬件和软件上采取抗干扰措施，提高可靠性，使模块能够在各种环境条件下正常工作。

5. 经济性原则

在当今激烈的市场竞争中，产品必须具有较短的开发设计周期，以及出色的性能和可靠性。为了占领市场，提高竞争力，所设计的产品应当成本低、性能好、易操作、具有先进性(核心竞争力)，在方案设计中要充分考虑硬件电路的性价比。

3.2　模拟智能物流输送带控制装置的实现方案

本项目设计的主要任务包括货物重量信号的采集与转换、货物类型的检测、货物传送的启停和方向控制、运行参数和状态的存储、与上位机的通信、相关信息的显示和按键输入等。

3.2.1　控制器类型的选择

对于本项目，PC 丰富的资源得不到充分利用，而且成本高，性价比低。可编程控制器(Programmable Logic Controller，PLC)最初的设计是为了代替数量庞大的继电器组，解决控制外围功能芯片相对较困难的问题。ARM 处理器内部的丰富资源如 SDRAM 控制器、多通道 UART、多通道 DMA、触摸屏接口、USB 接口等功能模块得不到充分利用。从工程经济性、实现方案的便利性考虑，采用以上控制器是不合适的。单片机作为嵌入式微控制器，可以认为是一种最简化的具有计算、存储和控制功能的通用控制器，性价比高、集成度高、体积小、易扩展、可靠性高，选用单片机来实现本设计的目标任务是非常合适的。因此本项目选择单片机作为整个装置的控制器。

3.2.2　单片机型号的选择

具有 51 内核的主流单片机主要有 MSP430、AVR、STM32、PIC、STC 等。下面分析其各自的优缺点。

MSP430 系列单片机是德州仪器 1996 年推向市场的一种 16 位超低功耗的混合信号处理器，最大的亮点是低功耗且速度快，但是指令占用空间较大，部分指令所占存储空间达 6 B。在低功耗及超低功耗的工业场合应用较多。

AVR 单片机由 Atmel 公司推出，其显著的特点为高性能、高速度、低功耗。它取消了机器周期，以时钟周期为指令周期，实行流水作业。AVR 单片机指令以字为单位，大部分指令为单周期指令。其缺点是没有位操作，均以字节形式来控制和判断相关寄存器位。通用寄存器一共 32 个（R0～R31），前 16 个（R0～R15）均不能直接参与立即数操作，因而通用性有所下降。

STM32 单片机性价比高、功能强大。该系列单片机基于专为要求高性能、低成本、低功耗的嵌入式应用设计的 ARM Cortex - M 内核，同时具有丰富的外设，如 1 μs 的双 12 位 A/D 转换器，4 Mb/s 的 UART，18 Mb/s 的 SPI 等。但该类单片机芯片并不提供 DIP40 封装，也不支持常规的外部中断电平触发方式。

PIC 单片机是美国微芯公司（Microchip）的产品，具有低工作电压、低功耗、强驱动能力等特点。但是该单片机的特殊功能寄存器（SFR）并不像 51 系列那样都集中在一个固定的地址区间内（80 - FFH），而是分散在四个地址区间内。在编程过程中，需要反复选择对应的存储体，即对状态寄存器 Status 的第 6 位（RP1）和第 5 位（RP0）置位或清零。另一方面，数据的传送和逻辑运算基本上都得通过工作寄存器来进行，因而 PIC 单片机的瓶颈现象比 51 系列更严重。

STC 单片机是高速、低功耗、超强抗干扰的新一代 8051 单片机，指令代码完全兼容传统 8051，但速度要快 8～12 倍。STC 属于国产单片机中非常出色的单片机。STC 单片机的具体型号 STC89C52RC 有很宽的工作电源电压，可为 2.7～6 V，当工作在 3 V 时，电流相当于 6 V 工作时的 1/4。STC89C52RC 工作于 12 MHz 时，动态电流为 5.5 mA，空闲态为 1 mA，掉电状态仅为 20 nA。如此小的功耗适合于电池供电的小型控制系统。STC89C52RC 具有以下几个特点：STC89C52RC 与 MCS - 51 系列的单片机在指令系统和引脚上完全兼容；片内有 4 KB 在线可重复编程快擦写程序存储器；全静态工作，工作主频范围：0 Hz～24 MHz；三级程序存储器加密；128×8 位内部 RAM；32 位双向输入输出线；两个 16 位定时/计数器，五个中断源，两级中断优先级；一个全双工异步串行口；间歇和掉电两种工作方式；超强抗干扰，高抗静电（ESD 保护）；宽电压，抗电源抖动能力强；宽温度范围 -40℃～85℃。基于上述优点，本项目选择 STC89C52RC 单片机为任务控制器。

3.2.3　空载、过载检测

在实际的物流输送带控制装置中，通常采用压力变送器将输送带上货物的重量转换为电信号。压力变送器是许多工业设备中检测压力变化的重要元件，在电力、钢铁、轻工等行业的压力测量及现场控制中应用非常广泛。本设计使用电位器输出电压模拟压力变送器输出，实时采集电位器输出电压，完成货物空载、过载监测功能。当电位器的输出电压 $0 < U_o < 1$ V 时，表明输送带是空载状态；当电位器的输出电压 $1 \leqslant U_o < 4$ V 时，判断为非空载，可进行后续的货物类型判断、启动传送等操作；电位器的输出电压 $U_o \geqslant 4$ V 时，表明输送带是过载状态。

采集电位器的输出电压要使用 A/D 转换芯片。在选择 A/D 转换芯片时需要考虑 A/D 转换器位数、接口方式、转换速率、转换器量程、满刻度误差等因素。对于本项目任务，8 位的 A/D 转换结果就可以满足系统的误差要求，更高位数的 A/D 转换芯片虽然精度更高，但会增加成本，因此综合考虑选择 8 位 A/D 转换芯片。考虑所选单片机内部资源自带 I^2C 接口，因此选择 I^2C 接口 A/D 转换芯片。

TLC549 是 TI 公司生产的一种低价位、高性能的 8 位 A/D 转换器，采用 CMOS 工艺，以 8 位开关电容逐次逼近的方法实现 A/D 转换，其转换速度小于 17 μs，最大转换速率为 40 000 Hz，4 MHz 典型内部系统时钟，供电电源为 3～6 V。它能便捷地采用 I^2C 接口方式与各种微处理器连接，构成各种低成本的测控应用系统。基于以上分析，本项目选择 TLC549 作为 A/D 转换芯片。

3.2.4　货物类型的判断

识别物流输送带上货物类型的方法有多种，通常会根据实际需求采用不同的识别方法，比如采用摄像头进行图像识别、扫描货物条形码进行识别、采用超声波对货物外形进行识别等。本项目要求采用超声波测量物体和探头的距离来判断货物类型。在非空载状态下，货物被填装到传送起始位置后，系统启动超声波测距功能，当超声探头与货物之间的距离小于等于 30 cm 时，判断为 I 类货物；否则为 II 类货物，完成货物类型判断。

超声波测距的实现是通过给予超声波测距模块一个触发信号后发射超声波，当超声波投射到物体反射回来时，超声波测距模块接收反射信号，输出一个回响信号，根据触发信号和回响信号的时间差来测定探头与物体的距离。本项目采用 HC - SR04 型超声波模块，包括超声波发射器、接收器与控制电路，检测角度为 30°，测量范围为 2～450 cm，测距精度可达 3 mm，适合各类不规则物体测量。

3.2.5　货物传送

在实际应用中，物流输送带均采用电动机作为动力装置，本项目采用直流电机模拟输送带的驱动。电机的启停模拟输送带的运行和停止，电机的转动方向模拟输送带的运行方向。首先通过 A/D 转换采集电位器输出的电压，获得输送带上货物的重量信息，在非空载、非过载的前提下，通过按键控制直流电机启动，启动货物传送过程。单片机引脚的驱动电流有限，不能直接驱动直流电机，可采用电机驱动芯片放大单片机输出电流，如 L298、L293、ULN2003、ULN2008 等电机驱动芯片。考虑只是驱动小功率的直流电机进行模拟，因此采用最经济和功率较小的 ULN2003 驱动芯片。该芯片只需要 5 V 电源，而其他驱动芯片需要外接更高的电机驱动电压，有的还需要安装散热器。这不仅使实现过程更复杂，也会增加成本。另一方面，当重量大于设定值时，具有多路输出能力的 ULN2003 还可以驱动蜂鸣器报警。

3.2.6　系统显示

常用的显示器件有 LED 点阵、LCD1602、LCD128×64、数码管等。下面逐一比较其优缺点。

LED 点阵的优势是价格便宜、亮度高。从理论上说，不论显示图形还是文字，只要控制与组成这些图形或文字的各个点所在位置相对应的 LED 器件发光，就可以得到我们想要的显示结果，这种同时控制各个发光点亮灭的方法需要很多控制 I/O 口，比如 32×64 的点阵就有 2048 个发光二极管，显然单片机没有这么多端口，需要采用锁存器来扩展端口，从而增加了系统的复杂性。另外，LED 容易损坏，使用寿命短，LED 点阵显示的内容也极其有限。因此不适合本项目的要求。

LCD1602 是一种工业字符型液晶，能够同时显示 16×2 即 32 个字符。LCD1602 一屏显示的内容较少，不能实现菜单显示。LCD1602 只能显示固定的字符，不如点阵式液晶显示灵活，既不能显示图片也不能显示曲线。对本项目而言，其最大的缺点是在户外自然光照射下，可视角度小，亮度不够，因此难以满足项目需求。

点阵型 LCD 不仅可以显示字符、数字、各种图形、曲线及汉字，而且可以实现屏幕上下左右滚动、动画功能、分区开窗口、反转、闪烁等功能，用途十分广泛。T6963C 是一种典型的带中文字库的 128×64 点阵图形液晶显示模块，内含国标一级、二级简体中文字库。利用该模块灵活的接口方式和简单的操作指令，可构成全中文人机交互图形界面。T6963C 具有亮度低、可视角度小、可视距离短、成本较高的缺点。

数码管(LED Segment Displays)是一种由多个发光二极管封装在一起组成"8"字形的器件。LED 数码管的正常显示只需要用驱动电路来驱动数码管的各个段码，就可以显示出我们要的数字。在电器特别是家电领域应用极为广泛，如空调、热水器、冰箱等设备都采用了数码管显示。数码管具有价格便宜、实现简单、可视性好的优点。本项目因为是模拟物流输送带的控制，需要显示的内容不多，如图 3-1 所示货物类型显示界面，可以全部采用数字显示，其他显示界面与此类似，因此本设计采用 8 位一体数码管显示。

1	8	8	3	2	8	8	2
界面编号	熄灭		距离：32 cm		熄灭		Ⅱ类货物

图 3 - 1　数码管显示界面——货物类型显示界面

3.2.7　历史运行数据的存储

物流输送带控制装置通常需要存储一些设置参数和运行信息，要求在系统断电时仍能保持不变，比如必要的设置参数在系统上电时需要重新加载，要求历史运行数据可以被查询。为模拟这一过程，本设计也要求实现历史运行数据的存储功能。对于本设计，主要需要存储 Ⅰ、Ⅱ 类型货物的传送时间。EEPROM 是一种掉电后数据不丢失的存储器，常用来存储一些配置信息，以便系统重新上电的时候加载。因此考虑采用 EEPROM 作为本项目的参数存储器。AT24C02 是一种 2K 位串行 CMOS EEPROM，内含 256 个 8 位字节，器件的功耗较低。AT24C02 有一个 16 B 页写缓冲器，可提高写入能力。芯片内的资料可以在断电的情况下保存 40 年以上，而且采用 8 脚的 DIP 封装，使用方便。该器件通过 I^2C 总线接口进行操作，有一个专门的写保护功能。使用 I^2C 总线接口可以有效节约单片机的 I/O 资源，因此选择使用 AT24C02 作为本项目的参数存储器。

3.2.8　串口通信

为了方便通过串口调试程序、上传物流输送带运行历史数据，将单片机系统和 PC 机通过 RS232 总线连接起来，需要一块电平转换芯片。本项目选用 MAX232 作为驱动芯片。MAX232 芯片是美信（MAXIM）公司专为 RS - 232 标准串口设计的单电源电平转换芯片，使用 +5 V 单电源供电。MAX232 芯片可以将单片机输出的 TTL 电平转换成 PC 机能接收的 232 电平或将 PC 机输出的 232 电平转换成单片机能接收的 TTL 电平。

3.3　模拟智能物流输送带控制装置结构框图

根据前述分析和比较，模拟智能物流输送带控制装置的方案结构如图 3 - 2 所示。该系统的硬件电路主要由单片机控制电路、A/D 转换电路、超声波传感器电路、按键控制电路、EEPROM 存储电路、数码管显示电路、蜂鸣器及直流电机驱动电路组成。设置"启动传送"按键，该按键按下后，启动货物传送过程。设置"紧急停止"按键，该按键按下后，直流电机立即停止。另外设置"设置"和"调整"按键，对两种类型货物的传送时间进行调整，并可保存相关信息到 EEPROM。采用模数转换芯片 TLC549 采集电位器输出电压，判断传送带是否空载或过载；采用超声波模块 HC－SR04 判别货物类型是I类还是II类；采用 ULN2003 驱动直流电机，模拟传送带运行过程，同时驱动蜂鸣器在预设情况下报警；采用 8 位一体数码管显示运行状态；采用存储器 AT 24C02 保存必要的参数和历史运行数据；单片机 STC89C52 利用电平转换芯片 MAX232 和 PC 进行通信，有助于程序的调试，也可上传历史数据。

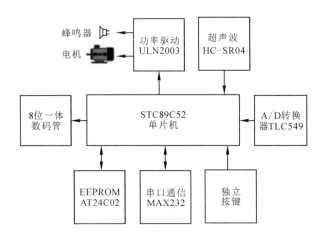

图 3-2　模拟智能物流输送带控制装置结构框图

参 考 文 献

[1]　罗印升，等.单片微机原理与应用[M].2 版.北京：机械工业出版社，2016.

[2]　解翔宇，等.智能电子密码锁设计[J].电脑知识与技术，2019，15(12)：176-180.

[3]　张波，等.基于 STC89C51 单片机超声波测距系统的设计[J].机床与液压，2010，38(18)：56-58.

[4]　杨来侠，等.基于 TLC549 的数据采集系统设计[J].电子元器件应用，2009，11(2)：19-21.

[5]　李同岭，等.超声波测距[J].煤炭技术，2012，31(7)：55-56.

[6]　王丽，等.TLC549 A/D 转换电路在 EDA 实验系统上的实现[J].洛阳工学院学报(自然科学版)，2002，23(4)：71-74.

[7]　滕艳菲，等.超声波测距精度的研究[J].国外电子测量技术，2006，25(2)：23-25.

[8]　席小卫，等.PC 与单片机多机 RS232 串口通信设计分析[J].数字通信世界，2020(2)：114-115.

[9]　李航.基于 Proteus 软件设计流水灯系统单片机硬件电路[J].上海电气技术，2020，13(1)：51-54.

[10]　吴静进，等.MCS-51 单片机原理与应用[M].重庆：重庆大学出版社，2019.

第 4 章　单片机工程应用项目方案实现

教学目标：基于应用项目方案设计，掌握以实现项目功能和达到相应的技术性能指标为基本内容的工程应用项目方案实现的基本思路与方法，培养综合运用单片机技术等相关知识解决问题的能力。

在第 3 章单片机工程应用项目方案设计的基础上，完成方案的具体实现。

4.1　过载、空载检测

4.1.1　设计要求

使用电位器输出电压 U_{o} 模拟压力变送器输出，设备实时采集电位器输出电压，完成货物空载、过载检测功能。

(1) 当 $0 < U_{o} < 1$ V 时，判断为空载，黄色指示灯点亮，所有数码管熄灭；

(2) 当 $1 \leqslant U_{o} < 4$ V 时，判断为非空载，货物被填装到传送起始位置，绿色指示灯点亮；

(3) 当 $U_{o} \geqslant 4$ V 时，判断为过载状态，红色指示灯以 500 ms 为间隔闪烁提醒，蜂鸣器报警提示。

4.1.2　硬件选择

1. TLC549 芯片与电位器

TLC549 芯片与电位器组合在一起可以模拟实现 A/D 转换器采集数据的功能，即 TLC549 芯片将采集到的电位器输出电压转换为数字量，并输入至单片机，单片机再根据输入电压数值大小执行相关不同的动作。

电位器是一种可调的电子元件，由一个电阻体和一个转动或滑动系统组成。当电阻体的两个固定触点之间外加一个电压时，通过转动或滑动系统改变触点在电阻体上的位置，在动触点与固定触点之间便可得到一个与动触点位置成一定关系的电压。将 TLC549 芯片左端三个接口线与电位器的三个端点相连接，即 REF＋连接 VCC 端、REF -连接地端、AIN 连接电位器动触点，这样 TLC549 芯片就可以实时采集输入的电压。TLC549 芯片右端三个接口线连接至单片机，其中$\overline{CS}$端为 TLC549 芯片片选信号，SDO 端为 TLC549 芯片输出端，SCLK 端为 TLC549 芯片信号输入端。具体的 TLC549 芯片与电位器接线如图 4 - 1 所示。

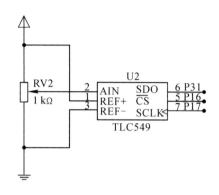

图 4 - 1　TLC549 芯片与电位器接线图

2. 发光二极管(红、黄、绿)

发光二极管的功能为显示当前运行状态。根据设计要求，在空载状态下，黄色指示灯点亮；非空载状态下，绿色指示灯点亮；过载状态，红色指示灯以 500 ms 为间隔闪烁提醒。发光二极管实际上是一种将电能转化成光能的元件。如果发光二极管被正向导通，那么器件将会持续发光。如果二极管两端电压相同，那么二极管将无法导通。同时使用多个发光二极管的连接驱动方式有两种，即共阴极接法和共阳极接法。本设计使用的是共阳极接法，当信号端接入低电平时，二极管导通点亮。需要注意的是，如果在共阳极施加的电压过高，则电流过大，需要加入限流电阻，否则会损坏二极管。发光二极管接线如图 4 -2 所示。

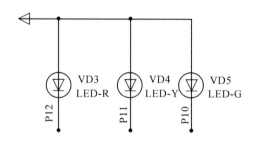

图 4 - 2　发光二极管接线图

3. 蜂鸣器

蜂鸣器的功能是实现报警提示，即当判断为过载状态时，蜂鸣器报警提示。蜂鸣器分为有源和无源两种，两者使用方法不同。有源蜂鸣器只要外部提供恒定直流电压就能够发出声音，无源蜂鸣器需要外部按一定频率提供一个驱动振荡信号（一定占空比的方波）才可以发出声音。蜂鸣器的接法也有两种，即 NPN 三极管集电极接蜂鸣器和 PNP 三极管发射极接蜂鸣器。两者使用的区别在于前者是输入高电平信号，蜂鸣器发声，后者是输入低电平信号，蜂鸣器发声。本设计使用的是 NPN 三极管集电极接蜂鸣器。蜂鸣器及其驱动接线如图 4-3 所示。

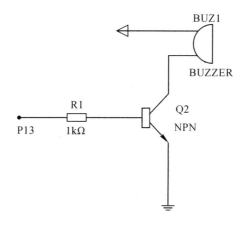

图 4-3 蜂鸣器接线图

4.1.3 硬件连接

硬件连接的元器件包括 TLC549 芯片（A/D 转换器）、发光二极管（红、黄、绿）和蜂鸣器（报警提示），实现功能相应的硬件接线如图 4-4 所示。

图 4-4 中，蜂鸣器信号口连接单片机的 P13 口线，输入高电平，蜂鸣器发声。单片机的 P10～P12 口线连接三个发光二极管，发光二极管采用共阳极接法，控制信号端是低电平时，二极管导通点亮。TLC549 芯片为 A/D 转换芯片，其中：AIN 端接入电位器中间触点，REF＋接入电源，REF－接入地，移动触点即可实现模拟量电压的输入；SDO 端接入 P31 口线，为 TLC549 输出端；$\overline{CS}$ 端接入 P16，为 TLC549 片选信号；SCLK 端接入 P17 口线，为 TLC549 输入端。

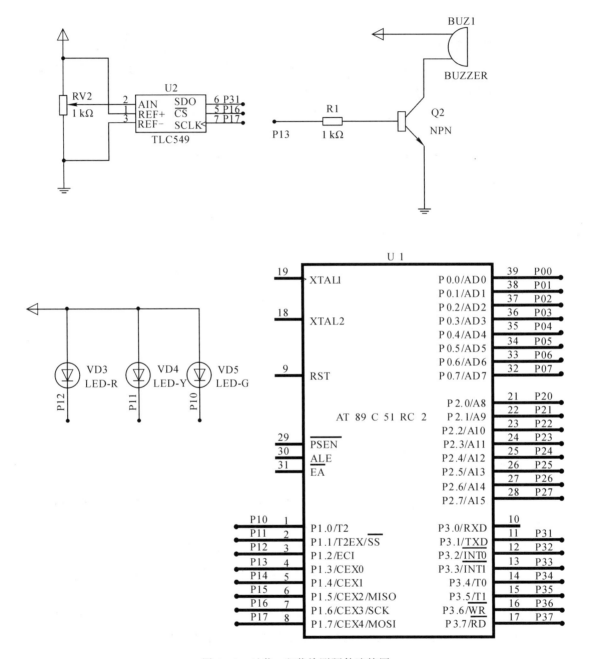

图 4-4　过载、空载检测硬件连接图

4.1.4　程序流程图设计

硬件电路实现完成后，就进入到软件设计阶段。对于软件设计，首先进行流程图设计，画流程图是程序设计的重要组成部分，是程序的逻辑设计过程。然后根据详细的流程图编写程序，即将设计好的流程图转换为某一具体的程序设计语言。

根据 4.1.1 节的设计功能要求，本项目过载、空载检测程序流程如图 4-5 所示。

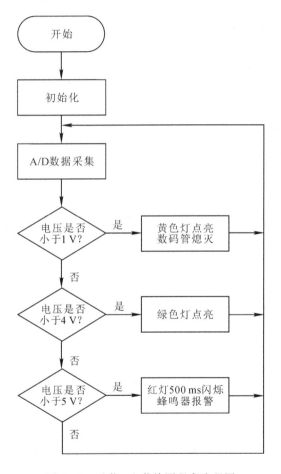

图 4-5　过载、空载检测程序流程图

4.1.5　程序设计

货物过载、空载的程序如下：

初始化设置：定时器 0、LED 灯、蜂鸣器等相关器件初始化设置。

```
    static uint ad_count = 0;                          //A/D 扫描计时
    Timer0Init();                                       //中断 0 初始化
    beep = 0;                                           //蜂鸣器初始关闭
```

A/D 数据采集：在中断内进行 A/D 扫描计时，主函数内进行 A/D 数据采集。

```
/* 中断内 A/D 扫描 */
void T0_time() interrupt 1
{
    static uint ad_count = 0;
    TH0 = (65536-1000)/256;                            //定时器定时 1 ms
    TL0 = (65536-1000)%256;
    if(++ad_count >= 200)                              //200 ms 读取 A/D
    {
        ad_count = 0;
        flag_ad = 1;
    }
}
/* 主函数内 A/D 数据采集 */
if(flag_ad == 1)                                       //读取 A/D 并作出判断
{
    flag_ad = 0;
    volt = AD_Change() * 49/255.0;
        ...
}


/* 状态检测并执行相应动作 */
if(volt < 10)                                          //空载
{
    mode = 0;
    GREEN = 1;YELLOW = 0;                              //黄灯点亮
    flag_black = 1;
    beep = 0;
    flag_red = 0;
}
else if(volt < 40)                                     //有载
{
```

```
    mode = 1;
    if(flag_green == 1)                          //绿灯点亮
    {
        GREEN = 1;
    }
    else if(flag_green == 0)
    {
        GREEN = 0;
    }
    YELLOW = 1;
    flag_black = 0;
    beep = 0;
    flag_red = 0;
}
else if(volt < 50)                               //过载
{
    mode = 2;
    GREEN = 1;YELLOW = 1;flag_red = 1;           //红灯点亮
    flag_black = 0;
    beep = 1;
}
```

（本章第 1 节内容讲解与实现展示视频）

4.2　货物类型判断

4.2.1　设计要求

在过载、空载检测完成的基础上，货物被填装到传送起始位置后，系统启动超声波测距功能，完成货物类型判断并通过数码管显示：

（1）当超声探头与货物之间的距离小于等于 30 cm 时，判断为 I 类货物；

（2）当超声探头与货物之间的距离大于 30 cm 时，判断为 II 类货物。

4.2.2　硬件选择

在 4.1.2 节硬件实现的基础上，再增加下列硬件电路：

（1）超声波模块：功能为检测货物距离。超声波模块的测距原理为通过超声波发射器向某一方向发射超声波，在发射时同时开始计时，超声波传播时碰到障碍物立即返回来，超声波接收器收到反射波立即停止计时。超声波传播速度为 v，根据计时器的记录测出发射和接收回波的时间差 Δt，就可以计算出发射点距障碍物的距离 s，即 $s = v \cdot \Delta t / 2$。而在使用时，如何控制发射和接收呢？实际上超声波传感器有两个信号引脚：Trig 引脚和 Echo 引脚。Trig 引脚是触发引脚，Echo 引脚是信号接收引脚。超声波模块测距原理如图 4－6 所示，超声波模块接线如图 4－7 所示。

图 4－6　超声波模块测距原理图

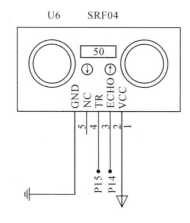

图 4－7　超声波模块接线图

（2）数码管模块：功能为数字显示。数码管显示器的组成实际上由多个 LED 段组成，一个数码管有 8 段，分别标记为 a、b、c、d、e、f、g、h，即由 8 个发光二极管组成。发光二极管导通的方向是一定的(导通电压一般取 1.7 V),这 8 个发光二极管的公共端有两种接法,可以分别接＋5 V(即共阳极数码管)或接地(即共阴极数码管)。我们可通过组合点亮不同的发光二极管来显示不同的数值、字母或者其他符号。1 位数码管显示器原理如图 4-8 所示,8 位数码管显示器模块接线如图 4-9 所示。

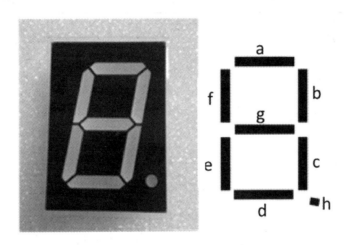

图 4-8　1 位数码管显示原理

图 4-9　8 位数码管显示器模块接线图

4.2.3　硬件连接

货物类型判断硬件接线如图 4-10 所示,在上一功能实现的基础上,新增硬件超声波模块和数码管模块。超声波模块信号连接端分别为 TR 和 ECHO,前者为超声波发射端,后者为超声波接收端,分别接单片机芯片的 P15 和 P14 口线。数码管模块为一个 8 位数码管,其中段选信号接在单片机芯片的 P0 口线,位选信号接在单片机芯片的 P2 口线。

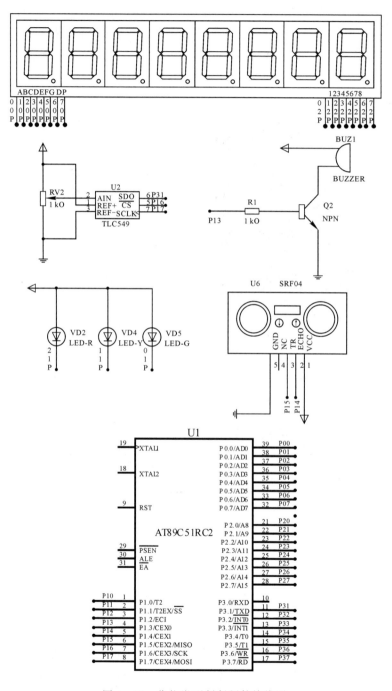

图 4-10　货物类型判断硬件接线图

4.2.4　程序流程图设计

根据 4.2.1 节设计要求，系统启动超声波测距功能，完成货物类型判断，并通过数码管显示，相应的程序流程如图 4-11 所示。

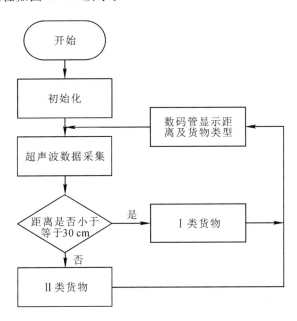

图 4-11　货物类型判断程序流程图

4.2.5　程序设计

货物类型判断程序如下：

初始化设计：空载、过载检测初始化省略。

```
/* 超声波模块初始化 */
void UltraWave_init()                                      //超声波初始化
{
    TMOD |= 0x10;
    TH1 = 0;
    TL1 = 0;
    TF1 = 0;
    TR1 = 0;
}
```

```
void Delay13us( )                              //@12.000 MHz
{
    unsigned char i;
    _nop_( );
    _nop_( );
    i = 36;
    while (——i);
}
void SendWave( )                               //发送超声波
{
    uchar i = 0;
    for(i=0; i<8; i++)
    {
        TX = 1;                                //TX 为超声波发射位
        Delay13us();
        TX = 0;
        Delay13us();
    }
}
uint DealDistance()                            //处理距离
{
    uint temp,time;
    SendWave();
    TR1 = 1;
    while(RX == 1&&TF1 == 0);
    TR1 = 0;
    if(TF1 == 1&&RX == 1)                      //RX 为超声波接收位
    {
        TF1 = 0;
        temp = 999;
    }
    else if(RX == 0&&TF1 == 0)
    {
        time = TH1 * 256+TL1;
        temp = (uint)time * 0.017;             //测距公式为时间乘以声速除以 2
```

```
        TH1 = 0;
        TL1 = 0;
        }
    return temp;
    }
```

超声波数据采集：在中断内部进行超声波数据扫描判断，在主函数内读取超声波数据。

```
/* 中断内进行超声波扫描 */
if(++wave_count >= 800)                    //超声波 800 ms 扫描一次
{
    wave_count = 0;
    flag_wave = 1;
}
/* 主函数内读取超声波测距数据 */
if(flag_wave == 1)                         //超声波测距
{
    flag_wave = 0;
    distance = DealDistance();
        ...
}
/* 货物类型判断 */
    if(distance <= 30)                     //判断货物类型
    {
        type = 1;
    }
    else
    {
        type = 2;
    }
```

数码管模块显示：在中断内部进行数码管动态显示过程，由自定义函数来设计数码管的显示模式。

```
/* 数码管界面设计 */
#include<sys.h>
Uchar code duan[]={0x3F,0x06,0x5B,0x4F,0x66,0x6D,0x7D,0x07,
```

```
0x7F,0x6F,0x00};
uchar dispbuf[8];
uchar dispcom = 0;
uchar view = 0;
void ShowNumber()
{
    if(flag_black == 1)                              //全黑界面
    {
        if(view == 2)                                //时间设置界面
        {
            dispbuf[0] = 3;
            dispbuf[1] = 10;
            dispbuf[2] = 10;
            if(flag_500ms == 1&&set == 1)            //500 ms 闪烁
            {
                dispbuf[3] = 10;
                dispbuf[4] = 10;
            }
            else
            {
                dispbuf[3] = CountDown1/10;
                dispbuf[4] = CountDown1%10;
            }
            dispbuf[5] = 10;
            if(flag_500ms == 1&&set == 2)            //500 ms 闪烁
            {
                dispbuf[6] = 10;
                dispbuf[7] = 10;
            }
            else
            {
                dispbuf[6] = CountDown2/10;
                dispbuf[7] = CountDown2%10;
            }
        }
```

```
        else          //全黑界面
        {
                dispbuf[0] = 10;
                dispbuf[1] = 10;
                dispbuf[2] = 10;
                dispbuf[3] = 10;
                dispbuf[4] = 10;
                dispbuf[5] = 10;
                dispbuf[6] = 10;
                dispbuf[7] = 10;
            }
        }
        else if(view == 0)                              //货物类型显示
        {
                dispbuf[0] = 1;
                dispbuf[1] = 10;
                dispbuf[2] = 10;
                dispbuf[3] = distance/10%10;
                dispbuf[4] = distance%10;
                dispbuf[5] = 10;
                dispbuf[6] = 10;
                dispbuf[7] = type;
            }
            else if……
}
void Display()                                          //数码管扫描
{
    wela = ～wei[dispcom];
    dula = ～duan[dispbuf[dispcom]];
    if(++dispcom >= 8)
    {
        dispcom = 0;
    }
}
/* 中断内进行数码管动态显示 */
```

```
if(＋＋smg_count >= 2)                          //2 ms 执行一次扫描
{
    smg_count = 0;
    Display();                                //该函数为数码管扫描函数
```

本章第 2 节内容讲解与实现展示视频

4.3　按键功能设置

4.3.1　设计要求

在货物类型判断的基础上，完成以下按键功能设置。

（1）设置"启动传送"按键，该按键按下后，启动货物传送过程。在空载、过载、传送过程中，该按键无效。在非空载、非过载的前提下，通过按键控制直流电机启动，启动货物传送过程，绿色指示灯点亮，并通过数码管实时显示剩余的传送时间，倒计时结束后，传送电机自动停止运行，绿色指示灯熄灭，完成本次传送过程。

（2）设置"紧急停止"按键，该按键按下后，直流电机立即停止，红色指示灯以 500 ms为间隔闪烁，剩余传送时间计时停止。再次按下该键，传送过程恢复，红色指示灯熄灭，恢复倒计时功能，直流电机启动，直到本次传送完成。该按键仅在传送过程中有效。

（3）设置"设置"和"调整"按键，按下"设置"按键，可通过"调整"按键进行Ⅰ类货物传送时间的调整，再次按下"设置"按键，可通过"调整"按键进行Ⅱ类货物传送时间的调整，第三次按下"设置"按键，保存调整后的传送时间到 EEPROM，并关闭数码管显示。"设置"和"调整"按键仅在空载状态下有效。通过"设置"按键切换选择到不同货物类型的传送时间时，显示该类货物传送时间的数码管闪烁。

4.3.2　硬件选择

在 4.2.2 节硬件选择的基础上，本节再选择增加如下硬件：

（1）AT24C02 模块：功能为掉电存储数据。根据设计要求设置"设置"和"调整"按键，按下"设置"按键,可通过"调整"按键进行 I 类货物传送时间的调整,再次按下"设置"按键,可通过"调整"按键进行II类货物传送时间的调整,第三次按下"设置"按键,保存调整后的传送时间到 EEPROM。EEPROM 是电可擦可编程只读存储器,是一种掉电后数据不丢失的存储芯片。AT24C02 模块就是一个 EEPROM 存储器,与单片机通过 I^2C 总线进行通信,I^2C 总线是由数据线 SDA 和时钟信号线 SCL 构成的串行总线。AT24C02 模块接线如图 4-12 所示。

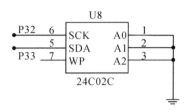

图 4-12　AT24C02 模块接线图

（2）独立按键:功能为按键设置。按键检测原理为:当按键未按下,返回信号为高电平;当按键被按下,返回信号为低电平。硬件接线如图 4-13 所示。

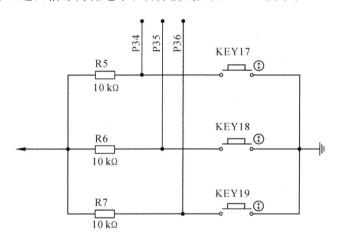

图 4-13　独立按键硬件接线图

4.3.3　硬件连接

按键功能设置硬件接线如图 4-14 所示,在上一功能实现的基础上,增加硬件独立按键和 AT24C02 模块。硬件独立按键用于按键功能设置,三个按键信号线接在单片机芯片的 P34、P35、P36 口线。AT24C02 模块为实现数据的读写,需要存储两类不同货物的传送时间,信号线 SDA 接在单片机芯片的 P33 口线,SCL 接在单片机芯片的 P32 口线。

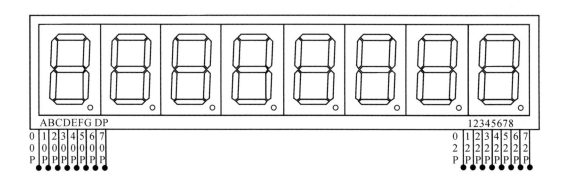

ABCDEFG DP

12345678

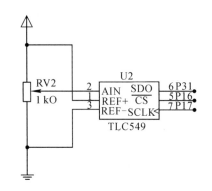

U2

AIN　SDO　6 P31
REF+　CS　5 P16
REF–SCLK　7 P17

RV2
1 kO

TLC549

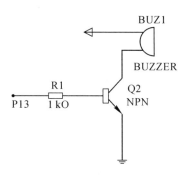

BUZ1

BUZZER

R1
1 kO

P13

Q2
NPN

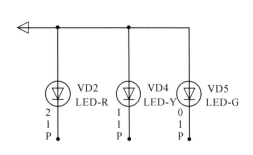

VD2
LED-R

VD4
LED-Y

VD5
LED-G

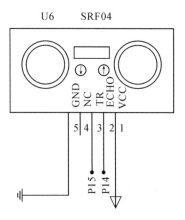

U6　　SRF04

GND NC TR ECHO VCC

5　4　3　2　1

P15
P14

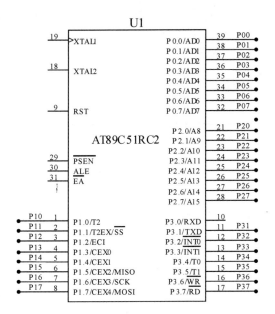
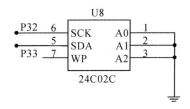
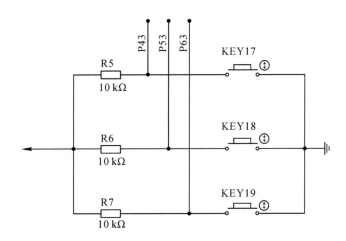

图 4 - 14　按键功能设置硬件连接图

4.3.4　程序流程图设计

完成按键功能要求的程序流程如图 4 - 15 所示。

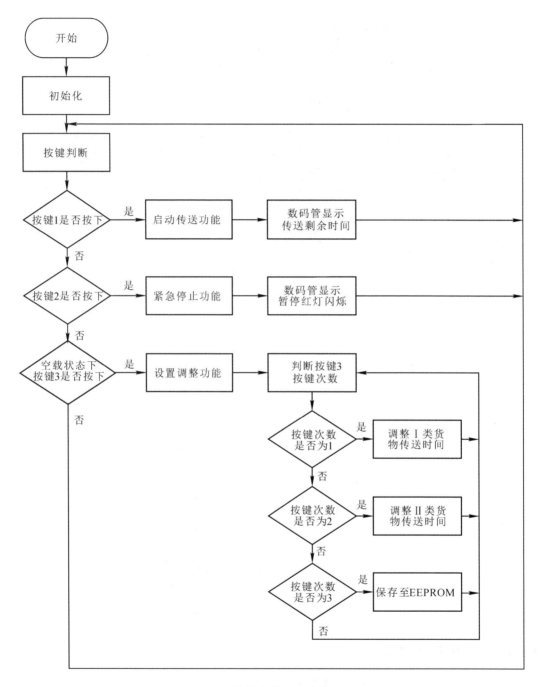

图 4 - 15　按键功能设置程序流程图

4.3.5　程序设计

按键功能设置程序如下：

初始化设置：货物类型判断初始化设置（省略）。

```
UltraWave_init();                                //I²C 总线初始化
/* 按键判断：判断哪个按键按下并执行相应动作 */
void KeyDriver()
{
    if(K17 == 0&&mode == 1)                      //启动传送
    {
        Delay10ms();
        if(K17 == 0&&mode == 1)

            {flag_green = 0;
            view = 1;
            trig = 1;
            if(type == 1)                        //传送时间判断
            {
                time = CountDown1;
            }
            else if(type == 2)
            {
                time = CountDown2;
            }
        }
        while(! K17);
    }
    if(K18 == 0&&mode == 1)                      //紧急停止
    {
        Delay10ms();
        if(K18 == 0)
        {
            pauce = ~pauce;
        }
        while(! K18);
    }
    if(K19 == 0&&mode == 0)                      //设置按键仅在空载有效
```

```
    {
        Delay10ms();
        if(K19 == 0)
        {
            if(set == 0)                        //进入 I 类货物调整
            {
                view = 2;
                set = 1;
            }
            else if(set == 1)                   //进入 II 类货物调整
            {
                set = 2;
            }
            else if(set == 2)                   //保存并关闭
            {
                view = 0;
                set = 0;
                flag_keep = 1;
            }
        }
        while(! K19);
    }
    if(set == 1||set == 2)                       //调整按键
    {
        if(K17 == 0)
        {
            Delay10ms();
            if(K17 == 0)
            {
                if(set == 1)                     // I 类货物
                {
                    CountDown1++;
                    if(CountDown1 >= 100) CountDown1 = 1;
                }
                else if(set == 2)                // II 类货物
                {
                    CountDown2++;
```

```
                        if(CountDown2 >= 100) CountDown2 = 1;
                    }
                }
                while(! K17);
            }
            if(K18 == 0)
            {
                Delay10ms();
                if(K18 == 0)
                {
                    if(set == 1)                          // Ⅰ类货物
                    {
                        CountDown1－－;
                        if(CountDown1 <= 0) CountDown1 = 99;
                    }
                    else if(set == 2)                     // Ⅱ类货物
                    {
                        CountDown2－－;
                        if(CountDown2 <= 0) CountDown2 = 99;
                    }
                }
                while(! K18);
            }
        }
    }
```

AT24C02 模块数据保存：中断内进行保存时间扫描，主函数内进行数据保存。

```
/* 中断内进行保存时间扫描 */
if(++count_5ms >= 5)                                    // 5 ms
{
    count_5ms = 0;
    flag_5ms = 1;
}
/* 主函数内进行数据保存 */
if(flag_keep == 1)                                      // 间隔 5 ms 保存 EEPROM
{
    if(flag_5ms == 1)
    {
```

```
flag_5ms = 0;
switch(index)
{
case 0:write_EEPROM(0x80,CountDown1);break;
case 1:write_EEPROM(0x81,CountDown2);break;
}
index++;
if(index >= 2)
{
            index = 0;
        flag_keep = 0;
    }
}
}
```

本章第 3 节内容讲解与方案实现展示视频

4.4　驱动文件

除控制算法之外，还需要其他相关驱动文件来使用器件，例如 TLC549 模块驱动文件、AT24C02 模块的通信协议 I^2C 等。

4.4.1　TLC549.c

TLC549 模块驱动文件如下：

```
#include "tlc549.h"
sbit AD_Out = P3^1;                            //TLC549 输出端
sbit CS = P1^6;                                //TLC549 片选信号
sbit CLK = P1^7;                               //TLC549 输入端
unsigned char AD_Change(void)
{
    unsigned char i,temp = 0;
```

```
        CLK= 0;
        //AD_Out=1;
        _nop_();
        _nop_();
        CS = 0;
        _nop_();
        _nop_();
        _nop_();
        _nop_();
        if(AD_Out == 1) temp += 1;
        for(i=0; i<8; i++)
        {
            CLK = 1;
            _nop_();
            _nop_();
            CLK = 0;
            _nop_();
            _nop_();
            if(i ! = 7)
            {
                temp = temp << 1;
                if(AD_Out == 1) temp += 1;
            }
        }
        CS = 1;
        return temp;
    }
```

4.4.2 I²C 通信协议

AT24C02 模块的 I²C 通信协议如下：

```
    # include "iic.h"
    sbit SDA = P3^3;                          /* 数据线 */
    sbit SCL = P3^2;                          /* 时钟线 */
                                              //总线启动条件
    void IIC_Start(void)
    {
        SDA = 1;
```

```
        SCL = 1;
        somenop;
        SDA = 0;
        somenop;
        SCL = 0;
    }
```
//总线停止条件
```
void IIC_Stop(void)
{
        SDA = 0;
        SCL = 1;
        somenop;
        SDA = 1;
        somenop;
    }
```
//应答位控制
```
void IIC_Ack(unsigned char ackbit)
{
        if(ackbit)
        {
            SDA = 0;
        }
        else
        {
            SDA = 1;
        }
        somenop;
        SCL = 1;
        somenop;
        SCL = 0;
        SDA = 1;
        somenop;
    }
```
//等待应答
```
bit IIC_WaitAck(void)
{
        SDA = 1;
```

```
        somenop;
        SCL = 1;
        somenop;
        if(SDA)
        {
            SCL = 0;
            IIC_Stop();
            return 0;
        }
        else
        {
            SCL = 0;
            return 1;
        }
    }
                                                    //通过 I²C 总线发送数据
    void IIC_SendByte(unsigned char byt)
    {
        unsigned char i;
        for(i=0;i<8;i++)
        {
            if(byt&0x80)
            {
                SDA = 1;
            }
            else
            {
                SDA = 0;
            }
            somenop;
            SCL = 1;
            byt <<= 1;
            somenop;
            SCL = 0;
        }
    }
                                                    //从 I²C 总线上接收数据
```

```
unsigned char IIC_RecByte(void)
{
    unsigned char da;
    unsigned char i;

    for(i=0;i<8;i++)
    {
        SCL = 1;
        somenop;
        da <<= 1;
        if(SDA)
        da |= 0x01;
        SCL = 0;
        somenop;
    }
    return da;
}
                                            //向 AT24C02 中写入一个数据
void write_EEPROM(unsigned char add,unsigned char data1)
{
    IIC_Start();
    IIC_SendByte(0xa0);
    IIC_WaitAck();
    IIC_SendByte(add);
    IIC_WaitAck();
    IIC_SendByte(data1);
    IIC_WaitAck();
IIC_Stop();
}
                                            //函数功能：从 AT24C02 中读
取一个数据
unsigned char read_EEPROM(unsigned char add)
{
    unsigned char temp;
    IIC_Start();
    IIC_SendByte(0xa0);
    IIC_WaitAck();
```

```
IIC_SendByte(add);
IIC_WaitAck();
IIC_Start();
IIC_SendByte(0xa1);
IIC_WaitAck();
temp=IIC_RecByte();
IIC_WaitAck();
IIC_Stop();
return temp;
}
```

参 考 文 献

[1]　张晓芳，等. C51 单片机系统设计与应用简明教程[M]. 北京：化学工业出版社，2015.

[2]　徐煜明. C51 单片机及应用系统设计[M]. 北京：电子工业出版社，2009.

[3]　关朴芳. 基于单片机 STC89C52 的智能温度控制器的硬件设计[J]. 甘肃科技纵横，2020，49(10)：34－37.

[4]　黎民山. 基于流程图编程的单片机软件系统开发[J]. 产业与科技论坛，2019，18(3)：81－82.

[5]　王鑫，等. 基于 C 语言的单片机程序设计与应用[J]. 科学与信息化，2020(32)：38.

[6]　贾宇龙. 基于单片机的智能多点温度监测系统设计[J]. 中国新技术新产品，2020(18)：7－8.

[7]　蔡逢煌，等. C 语言单片机系统软件架构的教学研究[J]. 电气电子教学学报，2020，42(4)：77－82.

[8]　钟鹏程. 基于 51 单片机的多功能数字钟设计[J]. 电子制作，2019(7)：17－19.

[9]　张毅刚，等. 单片机原理及接口技术[M]. 2 版. 北京：人民邮电出版社，2015.

第 5 章　　单片机工程应用项目调试与分析

教学目标： 围绕项目任务书中确立的项目功能和技术性能指标的实现验证，理解并掌握运用先进的调试工具完成单片机工程应用项目调试的基本思路与方法，具有综合运用单片机知识和现代化工具解决实际问题的调试分析能力。

本章继续以"模拟智能物流输送带控制装置"项目为例。基于工程应用的逻辑，从单片机工程应用项目开发调试方法出发，首先介绍单片机应用板通电前电路检测，硬件电路调试注意事项，Keil 环境下的程序调试。然后运用调试工具和方法，基于本书作者实施课程教学改革自行开发的单片机系统板，对"模拟智能物流输送带控制装置"实施具体的模拟调试及分析。最后，呈现项目测试结果。

5.1　调　试　与　测　试

在第 3、4 章中，依据项目任务书，设计了可实施的项目方案，完成了硬件电路的分析与连接、软件流程确立与编程实现。这样，就具体实现了项目方案。方案实现后，需要经过多个阶段的测试才能判断其是否真正达到了项目任务书的要求。因此，测试是保证所实现的方案是否满足客户需求的必要途径。

对于纯软件项目而言，经过项目任务分析，算法设计(包括画流程图)，程序编写，对源程序进行编辑、编译和链接等过程(通常可在集成开发环境中实现)，得到可执行程序(代码)。然后运行程序，可得到结果。但是，得到结果并不意味着程序一定正确，需要对结果进行分析，判断结果是否合理，这就需要调试(Debug)，即通过运行程序发现和排除程序中故障(Bug)的过程。经过调试，得到了合理正确的结果，也不能就此结束。不能只看到某一次结果是正确的，就认为程序没有问题，还必须进行测试(Test)。即针对输入数据，设计多组测试数据，检查程序对不同的输入数据(正常的、非正常的，合理的、非法的等)的运行情况，尽可能发现程序存在的问题和漏洞，并进行修改，使程序能够适应各种情况。程序中的各种路径都要测试到位。

对于自动化生产线、信息通信类系统和技术产品(项目)，一般是从单元模块测试开始，然后到板级、子系统级、产品级(有产品型号的单元系统)测试，最后到系统集成级测试。单元模块的测试常用"白箱测试"方法，即以任务书中的设计规范为标准，测试单一模块或一组模块是否满足与这些模块相关的功能标准和设计规范。在此基础上，为了保证单元模块之间接口的正确性，需要进行各级集成测试。最后，实现面向项目（客户）需求的"黑箱测试"。"黑箱测试"是注重外部特性的测试，验证是否满足客户需求。对于大多数传统产品及部分高新技术产品，用户购买后可以自己按照说明书的指导使用该产品，如手机，或者通过第三方安装即可使用，如空调等。但对于自动化生产线、运动控制系统、通信系统等高技术产品，必须经过现场专业的工程安装、调试，设置各种参数，开通该产品，才能交付客户使用。因此，调试和测试是完成项目任务或者产品开发过程中交叉使用的保证产品正常使用的技术方法。

5.2　单片机应用板通电前检测

单片机应用电路板焊接完成后，在检查电路板是否可以正常工作时，通常不能直接给电路板加电，而是需要按步骤进行，确保每一步都没有问题后再加电。在开始测试流程之前应先充分了解各个芯片的工作原理，熟悉其内部电路、主要参数指标、各个引出线的作用及正常电压。功能芯片都很敏感，测试时要注意不要使引脚之间短路，任何一瞬间的短路都能烧坏芯片。

5.2.1　测试芯片引脚的连线

检查原理图是保证引脚连线正确的关键步骤，需要检查的重点有芯片的电源和网络节点的标注是否正确，网络节点是否有重叠现象，元件的封装是否无误。元件的封装需要检查封装的型号、引脚顺序等，注意封装不能采用顶视图，特别是对于非插针的封装。检查连线是否正确的方法通常有两种：

（1）对照电路图检查安装的线路，根据电路连线，按照一定的顺序逐一检查安装好的线路。

（2）按照实际线路对照原理图，以元件为中心进行查线。把每个元件引脚的连线一次查清，检查每个连线在电路图上是否存在。为了防止出错，对于已查过的线通常应在电路图上作出标记，利用指针万用表欧姆挡的蜂鸣器测试，直接测量元器件引脚，这样可以同时发现接线有误的地方。

5.2.2　元器件安装情况

对于元器件安装情况的检查，主要是引脚之间是否有短路，连接处有无接触不良；有极性的元器件，如发光二极管、电解电容、整流二极管以及三极管的管脚是否连接有误，极性是否对应正确。对于三极管，同一功能的不同厂家器件管脚排序也是不同的，需用万用表进行测试。其次需要检查电源接口是否有短路现象。电源短路会烧毁电源，甚至会造成更严重的后果。通电前,可断开一根电源线,用万用表检查电源端对地是否存在短路。电源部分可以使用 0 Ω 电阻调试方法,即上电前先不焊接 0 Ω 电阻,检查电源的电压正常后再将 0 Ω 电阻焊接在 PCB 上,给其他单元供电,避免由于电源电压不正常而烧毁其他单元的芯片。其次也可以在电路设计中增加保护电路,比如使用保险丝等元件。

5.3　单片机应用板电路调试中的注意事项

单片机应用板电路的调试结果是否正确,在很大程度上受测试量正确与否和测试精度的影响。为了保证测试结果的正确性,必须减小测试误差,提高测试精度,为此需要注意以下几点:

(1)搭设调试工作台,工作台配备所需的调试仪器。仪器的摆设应便于操作与观察。如果在制作或调试时工作台很乱,工具、书本、衣物等与仪器混放在一起,那么会影响调试结果。特别提示:在制作和调试时,一定要把工作台布置得干净、整洁。对于硬件电路,应根据被调系统选择测量仪表,测量仪表的精度应优于被调系统;对于软件调试,则应配备微机和开发装置。

(2)正确使用测试仪器的接地端。凡是使用地端接机壳的电子仪器进行测试,仪器的接地端应和放大器的接地端接在一起,否则仪器机壳引入的干扰不仅会使放大器的工作状态发生变化,而且会使测试结果出现偏差。根据这一原则,调试发射极偏置电路时,若需要测试 U_{ce},不应把仪器的两端直接接在集电极和发射极上,而应分别对地测出 U_c 和 U_e,然后二者相减。若使用干电池供电的万用表测试,由于电表的两个输入端是浮动的,所以允许直接跨接到测试点之间。

(3)测量电压所用仪器的输入阻抗必须远大于被测处的等效阻抗。若测试仪器输入阻抗小,则在测量时会引起分流,给测试结果带来很大误差。测试仪器的带宽必须大于被测电路的带宽。

(4)测量方法要方便可行。需要测量某电路的电流时,一般尽可能测电压而不测电流,因为测电压不必改动电路,测试方便。若需知道某一支路的电流值,可以通过测取该支路上电阻两端的电压,经过换算而得到。

(5)调试过程中,不但要认真观察和测量,还要善于记录。记录的内容包括实验条件、观察的现象、测量的数据、波形和相位关系等。只有有了大量的可靠的实验记录并与理论结果加以比较,才能发现电路设计上的问题,完善设计方案。

5.4　Keil 环境下程序的调试

在 Keil 环境下建立工程文件,完成汇编,链接工程文件,并获得目标代码,到此仅仅代表源程序没有语法错误，至于源程序中存在的逻辑错误，必须通过调试才能发现并解决。事实上，除了简单的程序外，绝大部分程序都要通过反复调试才能得到正确的结果。因此，调试是软件开发中一个重要的环节。下面将介绍 Keil 环境下常用的调试命令，利用在线汇编、设置断点进行程序调试的方法。

　程序调试一般用来跟踪变量的赋值过程以及查看内存堆栈的内容。查看这些内容的目的在于观察变量的赋值过程与赋值情况，从而达到调试的目的。单片机应用程序设计调试分为两种，一种是使用软件模拟调试，即用开发单片机程序的计算机去模拟单片机的指令执行，并虚拟单片机内部资源，从而实现调试的目的。然而，软件调试也存在一些问题，如计算机本身是多任务系统，划分执行时间片是由操作系统本身完成的，无法得到控制，这样就无法实时模拟单片机的执行时序，即不可能像真正的单片机运行环境那样，执行的指令在同一时间内完成，通常速度比单片机慢。另一种是软硬件联合调试，联合调试其实也需要计算机软件的配合。软硬件联合调试过程如下：

　Keil 环境中把编译好的程序通过串行口、并行口或者 USB 口传输到单片机仿真器中；仿真器仿真单片机的全部资源，如所有的单片机接口，并且有真实的引脚输出。

　仿真器可以接入实际电路中，然后与单片机一样执行程序。同时，仿真器也会返回单片机内存与时序等情况给 Keil，这样就可以在 Keil 中看到真实的执行情况。不仅如此，还可以通过 Keil 软件实现单步、全速、执行到光标等常规调试手段。

　在此，需要说明的是，调试一般都是在发生错误与意外的情况下使用的，如果程序能正常完成任务，很多时候调试是没有必要的，所以最高效率的程序开发还是程序员自己做好规范，而不仅是依靠调试来解决问题。下面介绍 Keil 环境中具体的调试方法。

　对工程文件成功地进行编译、链接后，点击图 5-1(Keil 环境界面)中方框所示的魔法棒图标进行调试设置。

图 5-1　调试设置

　首先在"Target"标签下根据实际情况设置晶振频率，如图 5-2 所示。然后在"Debug"标签下通过下拉框选择仿真器类型，如图 5-3 所示。

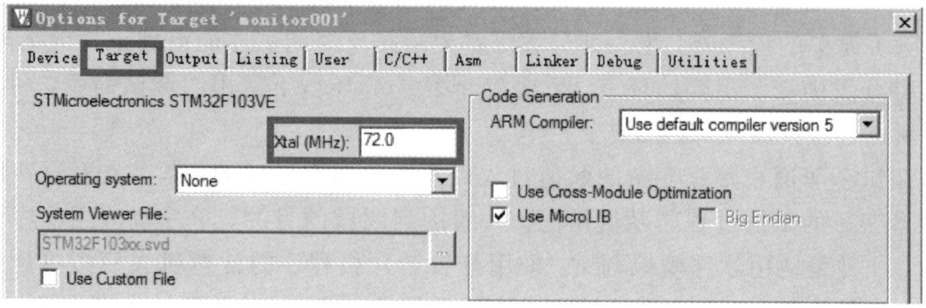

图 5 - 2　晶振频率设置

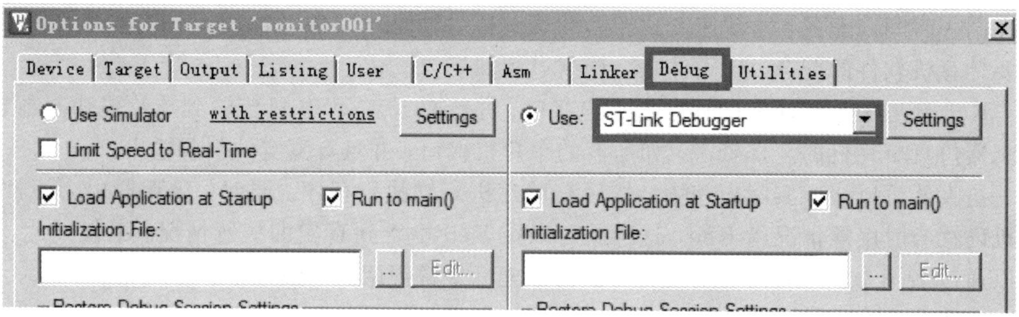

图 5 - 3　选择仿真器类型

按 Ctrl＋F5 键或者使用菜单命令"Debug"→"Start/Stop Debug Session"进入调试状态，如图 5 - 4 所示。

图 5 - 4　调试状态

在调试状态下，可以使用 Debug 菜单项中的命令。点击"Debug"按钮后有关编译的工具栏按钮将消失，出现一个用于运行和调试的工具栏，如图 5 - 5 所示。该工具栏有 Debug 菜单上大部分命令的相应快捷按钮。点击运行按钮(图 5 - 5 中左边第 2 个图标，即执行到断点处)，链接上相关的调试实验资源，就可以查看相关的变量和参数值。

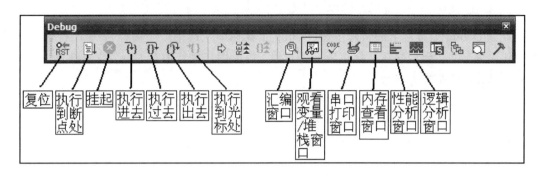

图 5 - 5　Debug 工具栏

Keil 环境下程序调试的主要点如下。

1）单步跟踪运行

使用菜单命令"Debug"→"Step"，或点击图 5 - 5 所示"执行进去"按钮（单步跟踪运行），或使用快捷键 F11 可以单步跟踪执行程序。在这里我们按下 F11 键，即可执行箭头所指程序行，每按一次 F11，源程序窗口的黄色调试箭头就指向下一行，如果程序中有 Delay 延时子程序，则会进入延时程序中运行。

2）单步运行

单步运行是每次执行一行程序，执行完该行程序以后即停止，等待执行下一行程序命令。此时可以观察该行程序执行后得到的结果，是否与我们写该行程序所想要得到的结果相同，借此可以找到程序中的问题所在。例如：如果 Delay 程序有错，可以通过单步跟踪执行来查找错误，但是如果 Delay 程序正确，每次进行程序调试都要反复执行这些程序行，会降低调试效率。为此，可以在调试时使用 F10 来替代 F11（也可使用菜单 Step Over 或相应的命令按钮），在 main 函数中执行到 Delay 程序时将该行作为一条语句快速执行完毕。按 F10 键，可以看到在源程序窗口中的左边黄色调试箭头不会进入到延时子程序，即"执行过去"，由此可见单步运行与单步跟踪运行不同。单步运行是指将汇编语言中的子程序或高级语言中的函数作为一条语句来全速执行，不会进入函数内部，而单步跟踪运行则会进入函数体内。

3）全速运行

点击工具栏上的"执行到断点处"按钮或按 F5 键启动全速运行。全速运行是指一行程序执行完以后紧接着执行下一行程序，中间不停止。这样程序执行的速度很快，并可以看到该段程序执行的总体结果，即最终结果正确还是错误。如果程序有错，则难以确认错误出现在哪些程序行。因此，全速运行通常会和单步跟踪运行、单步运行结合使用。灵活应用这几种方法，可以大大提高查错的效率。

4）暂停

点击 Debug 工具栏上的暂停按钮（Debug 工具栏中左边第 3 个图标），程序将暂停。暂停按钮原为灰色，当程序运行结束或需要暂停，等待用户操作命令时，会变成红色。

5）观察/修改寄存器的值

Project 窗口在进入调试状态后显示 Register 页的内容，如图 5-6 所示，包括工作寄存器 R0～R7 的内容和累加器 A、寄存器 B、堆栈指针 SP 的内容等。用户除了可观察以外，还可自行修改其值。例如，将寄存器 a 的值 0x62 改为 0x85。

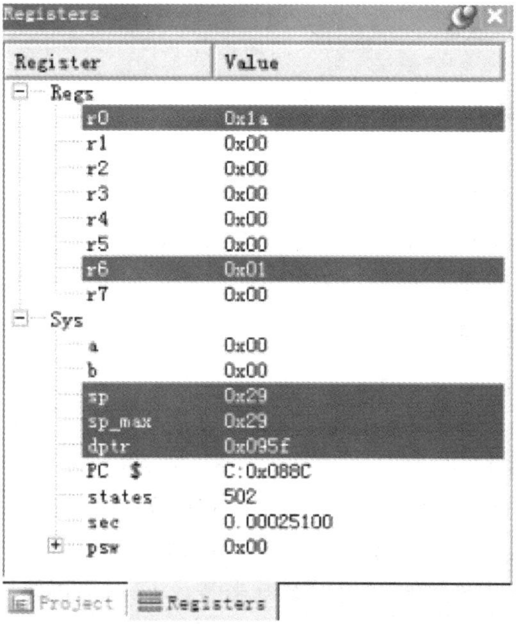

图 5-6　寄存器

方法一：用鼠标点击选中寄存器 a，然后单击其数值位置，出现文字框后输入 0x85，按回车键即可；

方法二：在命令行窗口，输入 a＝0x85，按回车键将把 a 的数值设置为 0x85。

6）观察/修改存储器的数据

点击主菜单视图"View"→"Memory Windows"，如图 5-7 所示，即可打开存储器 Memory 窗口（如窗口已打开，则会关闭）。Memory 窗口可以同时显示 4 个不同的存储器区域，点击窗口下的编号可以相互切换显示。

在存储器 1（Memory♯1）的地址输入栏内输入"D:10H"，按回车键后，可以从内部直接寻址 RAM 的 10H 地址处开始显示。

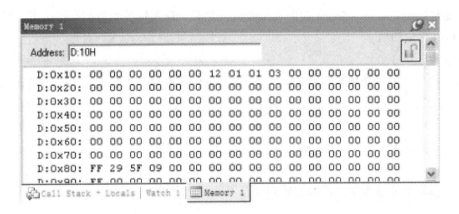

图 5 - 7　存储器窗口界面

在 Memory 窗口中显示的数据可以修改。例如，要改动 data 区域 0xE0 地址的数据内容，可以把鼠标移动到该数据的显示位置，按动鼠标右键，在弹出的菜单中选中更新存储器"Modify Memory at D:0xE0"，在弹出对话框的文本输入栏内输入相应数值，按回车键或点击"OK"按钮，修改完成，如图 5 - 8 所示。

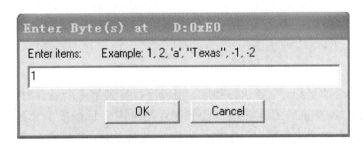

图 5 - 8　修改存储器值对话框

7）观察/修改变量的值

在暂停程序运行时，可以观察到有关的变量值。

在监视/调用堆栈（Watch）窗口"局部"页，自动显示当前正在使用的局部变量，不需要用户自己添加。监视页显示用户指定的程序变量（先按 F2 键，输入变量的名称，例如"adc_voltage"，然后按回车键）。移动鼠标光标到要观察的变量"adc_voltage"，停留大约 1 s，可弹出一个"变量提示"框。

将鼠标移动到一个变量名"d1"的上面，点击鼠标右键，出现快捷菜单，选中"Add'd1'to Watch Windows…"（增加 d1 到观察窗口）选项，子菜单中会出现♯1 和♯2 的选项，点击后该变量就会加入对应的监视/调用堆栈窗口。监视窗口显示了 d1 的值。用鼠标左键点击该行的变量数据栏，然后按 F2 键出现文本输入栏后，输入修改的数据，确认正确后按回车键，可修改变量的值。

8）复位

如果用户要重新开始运行程序，可以点击 Debug 工具栏上的复位按钮图标（Debug 工具栏中左边第 1 个图标），对仿真器的用户程序进行复位。仿真器复位后，程序计数器 PC 指针将复位成 0000H。另外，一些内部特殊功能寄存器在复位期间也将重新赋值，例如 A 变为 00H，DPTR 变为 0000H，SP 变为 07H，I/O 口变为 0FFH。

9）设置断点

将光标移至待设置断点的源程序行，点击工具栏上的断点图标，如图 5-9 所示，可以看到源程序窗口中该行的左边出现了一个红色的断点标记（如果再点一下这个图标则清除这个断点）。同样的方法，可以设置多个断点。

图 5-9　设置断点

10）带断点的全速运行

按 F5 键启动全速运行，全速执行程序。当程序执行到第一个断点时，会暂停下来，这时可以观察程序中各变量的值及各端口的状态。此时用户目标板上会显示当前断点的状态，继续按 F5 键启动全速运行，程序执行到第二个断点时，会暂停下来；继续按下 F5 键启动全速运行。断点是仿真器调试的重要手段，有利于观察程序的运行状态。

11）清除程序中所有断点

如果想取消全部的断点全速运行时，只要点击工具栏相应的图标，如图 5-10 所示，就可清除程序中所有断点。

图 5-10　清除所有断点设置

12）执行到光标处

在体验执行到光标处之前，可先点击工具栏上的复位图标，对仿真器的用户程序进行复位。把鼠标放在想要停止的行，并点一下，再按执行到光标处的对应图标（Debug 工具栏中左边第 7 个图标），程序全速执行到光标所在行后暂停。这与前述的带断点的全速运行相类似。

13）退出仿真

首先点击调试工具栏中的暂停图标，然后点击调试工具栏的复位图标，最后点击开启/关闭调试模式图标（图 5-5），则退出仿真状态，就又重新回到编辑模式（如果不能正确退出，请按一下仿真器上的复位按钮）。此时可以对程序进行修改，重新编译，然后按开启/关闭调试模式按钮，再次进入仿真模式。

Keil 环境下程序调试过程视频

5.5　模拟智能物流输送带控制装置项目的调试与测试

5.5.1　单片机系统板的电路检查

在完成单片机系统板的电路设计后，核对 PCB 设计文件中的网络表是否正确无误，然后 1∶1 打印电路板的 PCB 图，对照元器件检查是否存在封装错误，比如引脚的间距、排针的数目等。对于本项目，重点是数码管的封装、独立按键的封装、串口插座的封装、TLC549、AT24C02、STC89C52RC、ULN2003、超声波模块等。对电路和封装检查正确无误后制作 PCB 电路板。目测线路板无外观缺陷和明显的质量问题后，焊接元器件。焊接完成后，再次检查线路，重点是各子模块的电源和接地。逐一测试通过后，准备下一阶段的测试。制作完成后的单片机系统板（各元器件、模块名称见注）如图 5-11 所示。

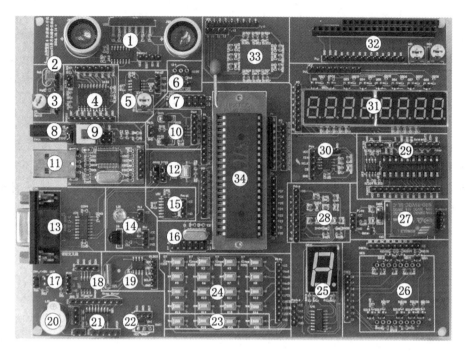

①—超声波测距；②—光敏电阻；③—电位器；④—ADC0804；⑤—可调方波发生器；

⑥—DS18B20测温；⑦—VCC；⑧—外部电源接口；⑨—电源开关；⑩—TLC549；

⑪—USB转串口；⑫—复位按钮；⑬—MAX232串口通信；⑭—红外发射接收；

⑮—定频方波发生器；⑯—GND；⑰—光耦；⑱—AT24C02存储器；⑲—DS1302实时时钟；

⑳—蜂鸣器；㉑—步进和直流电机；㉒—霍尔传感器；㉓—4位独立按键；㉔—4×4矩阵按键；

㉕—串转并1位数码管；㉖—8×8点阵；㉗—继电器；㉘—8字形LED灯；㉙—DAC0832；

㉚—TLC5615；㉛—8位数码管；㉜—1602和128×64液晶接口；㉝—交通灯；㉞—单片机最小系统

图 5 - 11　单片机系统板

5.5.2　子模块测试

1. 单片机工程文件的建立

要进行子模块的测试，需要在 Keil 集成开发环境中建立工程文件。首先建立文件夹"模拟智能物流输送带控制装置"，然后打开 Keil 软件，在"Project"菜单中点击"New μVision Project…"（新建项目），如图 5 - 12 所示。

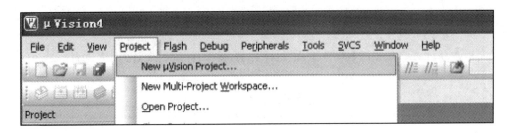

图 5 - 12　新建工程项目文件

　　出现新建项目路径选择窗口后，选择文件夹"模拟智能物流输送带控制装置"，输入自定义项目名"cszz"后，弹出选择项目的单片机型号对话框如图 5 - 13 所示，选择"AT89C51"后，点击"OK"按钮。

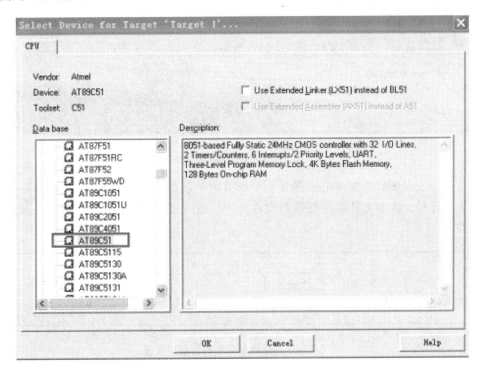

图 5 - 13　选择项目的单片机型号

　　在弹出如图 5 - 14 所示的对话框中选"否（N）"，不需要复制 8051 启动代码到本项目中。

图 5-14　不复制启动文件

完成以上步骤就新建了一个工程文件。然后可以直接添加已有的程序文件,也可以新建文件。点击新建文件图标,Keil 软件将新建一个文本文件,如图 5-15 所示。

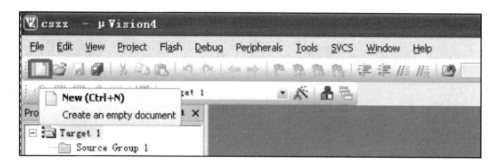

图 5-15　新建程序文件

点击保存文件图标,在弹出如图 5-16 所示的对话框中输入文件名"main.c",此时最好不要更改路径,将该文件保存在项目文件夹下,然后点击"保存",则新建了一个可编辑的 C51 文件。

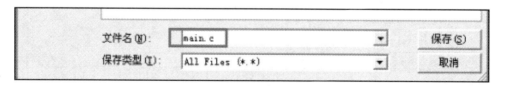

图 5-16　新建程序文件的命名和保存

在图 5-17 的左侧窗口,使用鼠标右键点击"Source Group 1",选择"Add File to Group 'Source Group 1'...",添加已经保存的 C51 文件到源程序组 1 中。

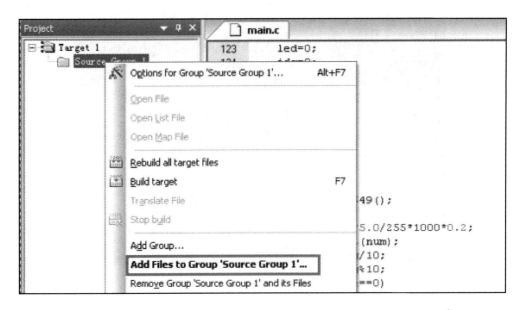

图 5-17　添加文件到源文件组中

这样就成功地建立了一个项目框架，如图 5-18 所示，可以编写源程序，实现所需要完成的功能。

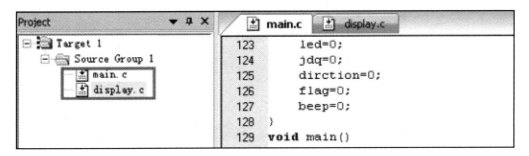

图 5-18　建立好的项目框架

2. 单片机最小系统测试

将单片机与其他子模块脱开，仅保留单片机最小系统，单片机 P1 口连接 8 个 LED，编写驱动 8 个 LED 灯亮灭的测试程序，测试成功后，确认单片机最小系统工作正常。单片机最小系统正常工作状态如图 5-19 所示。

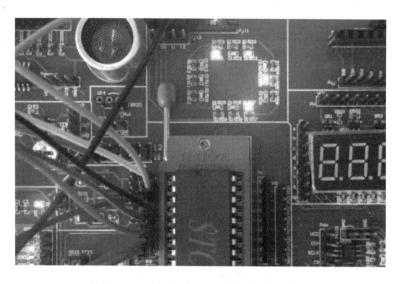

图 5-19　单片机最小系统正常工作状态

单片机最小系统如未能正常工作，有以下常见原因：

（1）系统未正确安装 USB 转串口芯片 PL2303 驱动程序，导致电脑无法识别下载器。正确安装 PL2303 驱动程序后的设备管理器状态如图 5-20 所示。

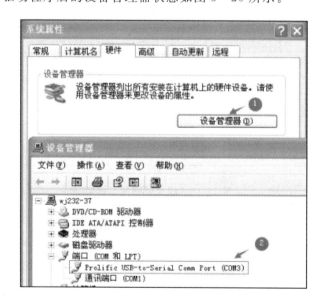

图 5-20　正确的端口状态

　　（2）下载程序时，下载软件 STC-ISP 设置不正确。软件 STC-ISP 的正确设置如图5-21所示。图中标注 1、2、3 所示的设置必须正确，才能成功下载程序至单片机应用系统中。

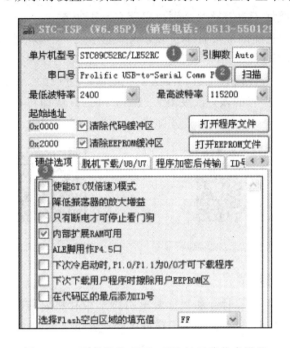

图 5-21　下载软件 STC-ISP 的正确状态设置

　　（3）单片机安装时引脚倒置、ZIF 夹未能锁紧、杜邦线接触不良等也是较为常见的原因。

3. 8 位一体数码管测试

　　数码管是了解程序运行状态的重要窗口，所以在单片机最小系统正常运行后，首先测试数码管是否能够正常工作。采用仿真成功后的数码管显示子程序测试数码管，正常的工作状态如图 5-22 所示。

图 5-22　8 位数码管的正常测试显示

数码管显示不正确有以下常见原因：

（1）共阴或共阳数码管没有采用对应的字形码，会导致显示错误。

（2）部分杜邦线接触不良，导致个别数码管显示不正常。

（3）动态刷新时，时间间隔设置不正确，导致显示亮度不够或闪烁。

（4）没有"消隐"，导致数码管不应该亮的段似乎有微微的发亮，影响数码管的视觉效果。

没有"消隐"主要是由数码管位选和段选变化的瞬态造成的。解决方法有两种：第一种是刷新数码管之前关闭所有的段，改变好位选后，再打开段即可；第二种是关闭数码管的位选，段码赋值过程完成后，再重新打开即可。

数码管显示调试视频

按键程序调试视频

4. TLC549 子模块的测试

正确连接 TLC549 片选、时钟和数据输出引脚至单片机对应的引脚，注意要和程序中定义的硬件连接相一致，图 5 - 23 显示了在程序中定义的 TLC549 引脚连接。连接 TLC549 模块的电源和接地引脚后，从电位器的输出端输出电压至 TLC549 的模拟电压输入引脚。然后编写测试程序，将采集的电压值通过数码管显示出来。如果测得的电压值和万用表的测量值一致，说明 TLC549 工作正常。图 5 - 24 显示了测得的电压值为 3.25 V，这也体现了先测试数码管模块的原因。

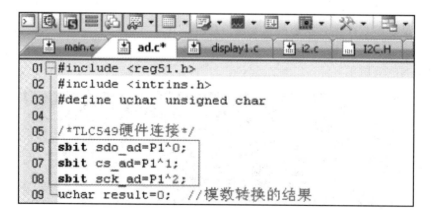

图 5 - 23　TLC549 的硬件连接定义

图 5 - 24　TLC549 采集电压显示

　　在 Keil 开发环境的 Debug 模式下，在程序中设置断点，如图 5 - 25 所示，图标"1"处，变量"num"为采集的电压值，将其添加到"Watch 1"窗口中，可以在图标"2"处观察其值。默认是十六进制显示，右键点击后可选择十进制显示。

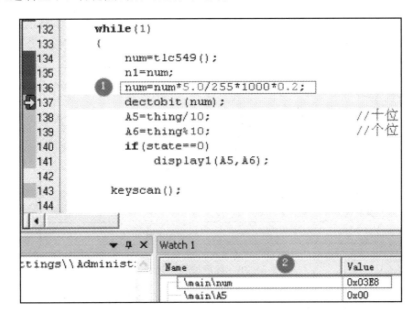

图 5 - 25　断点调试采集电压

A/D 转换程序调试视频

5. 超声波子模块的测试

采用 HC–SR04 超声波模块测量输送带上货物与超声波模块之间的距离，根据测量的距离判断货物属于"Ⅰ"类或"Ⅱ"类。如果不预先对超声波模块进行测试，直接和其他子模块的程序一起进行整体调试，在出现故障时，将无法断定是超声波模块自身的故障，还是在系统集成时产生的故障。

首先在单片机的 P1.2 引脚发出一个 10 μs 以上的高电平脉冲，超声波模块在此脉冲的控制下，自动发出 8 个 40 kHz 的方波，并自动检测是否有信号返回。如果超声波遇到障碍物返回，超声波模块检测到后，在其输出引脚(与单片机 P1.1 相连)输出高电平。单片机在检测到 P1.1 引脚为高电平时，打开定时器，当 P1.1 引脚变为低电平时，读取定时器的值，获得 P1.1 引脚上高电平的持续时间，这个时间就是超声波从发射到返回的时间，据此时间计算出距离，整个过程如图 5–26 所示。在调试过程中，注意检查程序的流程是否和图 5–26 相符。条件允许时，可以用示波器观察超声波模块和单片机相应引脚的脉冲波形，将程序的调试和硬件实验效果结合。

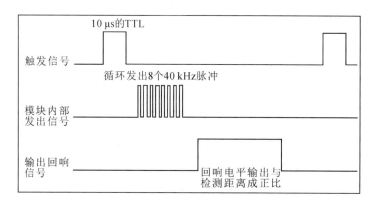

图 5–26 超声波测距过程

图 5–27 显示断点调试时，利用串口显示超声波模块测得的距离。图标"1"处的系数 1.87 和超声波的声速有关，不同环境温度下可对该系数查表微调。图标"2"处设立了中断溢出标志，当超声波从发射到返回的时间超出了 16 位二进制计数范围时，可认为测量无效。图标"3"处可将测得的距离利用串口打印出来，便于观察测量是否正确。注意要正确使用"printf()"函数，需要先使用"include <stdio.h>"包含头文件。图标"4"处显示了正确的测量结果。

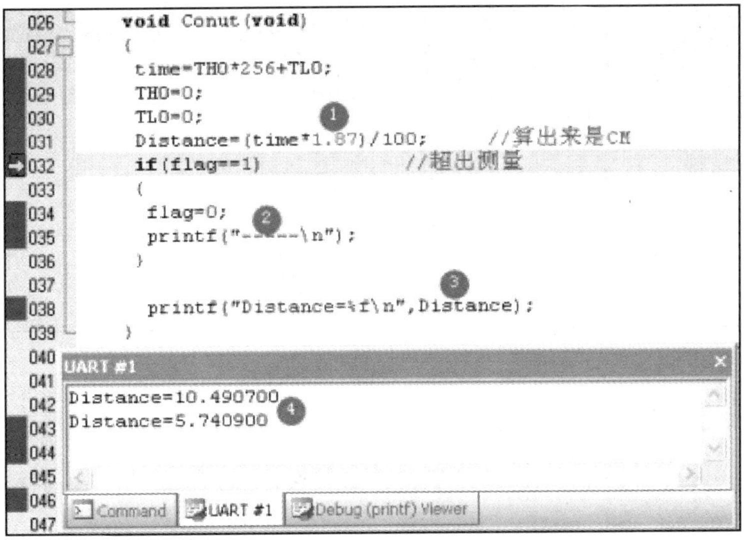

图 5 - 27　超声波模块的断点调试

超声波测距需要注意以下几点：

（1）超声波的发射探头和接收探头需间隔一定距离，或采用挡板隔开。

（2）超声波测量精度会随着测量距离的增加而降低。

（3）如果超声波遇到了杜邦线也会产生回波，导致测量错误。

（4）测量时，超声波的探头最好和被测物体表面垂直，在物体表面法线 7°以内。如果不垂直，反射回波能量衰减过大，甚至无回波，严重影响测量效果。

其他子模块，如按键、ULN2003 和串口、AT24C02 存储器与以上子模块的调试过程类似，在此不再赘述。

5.5.3　系统程序整体调试

完成了各个子模块的调试与测试后，对照流程图将各个子模块整合，按照系统功能编写系统程序。在编写主程序时，需要按步骤编写，修改程序和调试程序同步进行。由于前面已经完成各个子模块的调试与测试，可以保证硬件线路正确，因此在编写主程序时，遇到不符合预期的情况时，只需要调试主程序即可，这样便于主程序的编写与调试。同时注意分模块、阶段保存已经成功的部分成果，以免重复工作。

新建项目工程后，将各个子模块对应的 C 语言程序文件添加到源程序组中，如图5 - 28所示。

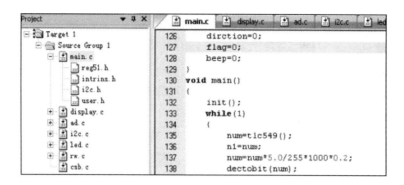

图 5-28　添加子程序文件

在"main.c"中按照任务要求和目标编写主程序，主程序流程和中断服务程序流程如图 5-29 和图 5-30 所示。变量 flag_ad 是启动模数转换标志，flag_wave 是启动超声波测距标

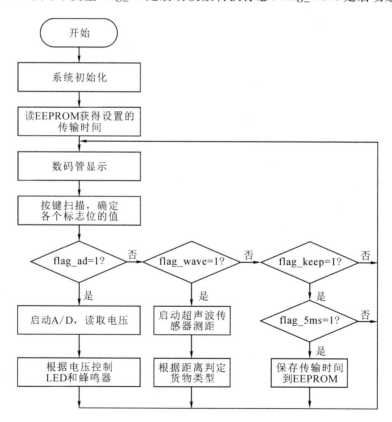

图 5-29　主程序流程图

志，flag_5 ms 是定时时间 5 ms 到标志，flag_500 ms 是定时时间 500 ms 到标志。这些标志位在定时器 T0 的中断服务程序中被置为 1，在主程序中被调用后将其清零。flag_keep 是保存货物传输时间标志，该标志位在按键处理函数中被置 1，在主程序中被调用后被清零。在按键处理函数中，还会修改变量 view 的值，view 有 0、1、2 共 3 种取值，分别对应货物类型显示、货物传输时间倒计时显示、货物传输时间设置显示。在数码管显示函数中，根据 view 的值来选择显示界面。具体内容可参见"4.3.5 程序设计"部分。

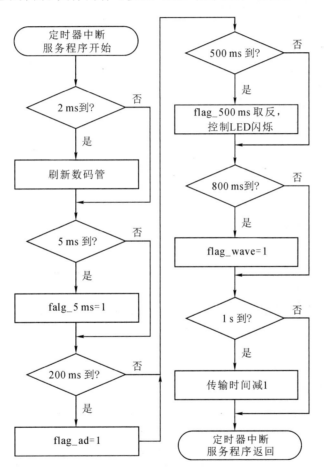

图 5-30　定时器 T0 中断服务程序

在主程序中调用其他 C 语言文件的函数时，将函数的声明写入"user.h"文件中，如图 5-31 所示。

```
  main.c  |  display.c  |  ad.c  |  i2c.c  |  led.c  |  rw.c  |  USER.H*
01  sbit k17=P1^4;
02  sbit k18=P1^5;
03  sbit k19=P1^6;
04  sbit k20=P1^7;
05
06  unsigned char tlc549(void);
07  void display(unsigned char qian,unsigned char bai,unsigned cha
08  void display1(unsigned char s0,unsigned char s1);
09  void dectobit(unsigned int dec);
10  void At24c02Write(unsigned char addr,unsigned char dat);
11  unsigned char At24c02Read(unsigned char addr);
12  void delayms(unsigned char x);
13  void ledshow1(void);
14  void ledshow2(void);
15  void ledshow0(void);
16  void  StartModule(void);
17  void Conut(void);
```

图 5-31　头文件的定义

然后在"main.c"中包含此头文件,如图 5-32 所示。这样在"main.c"中就可以调用其他 C 语言文件的函数。

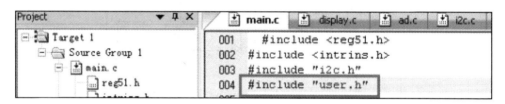

图 5-32　增加自定义头文件

对于没有包含或声明的函数,常会出现图 5-33 所示的"缺少函数原型"的错误。对于没有声明的变量,情况也是如此。

```
Build Output
compiling main.c...
MAIN.C(86): warning C206: 'At24c02Write': missing function-prototype
MAIN.C(86): error C267: 'At24c02Write': requires ANSI-style prototype
main.c - 1 Error(s), 1 Warning(s).
```

图 5-33　缺少函数原型

编译、链接无误后,右键点击"Target 1",如图 5-34 所示。

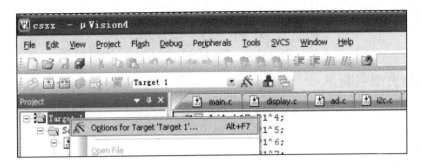

图 5-34　选项设置

　　选择魔法棒选项，在弹出的对话框中选择"Output"选项卡，勾选生成"HEX"文件选项，如图 5-35 所示，点击"OK"按钮后，重新编译链接。

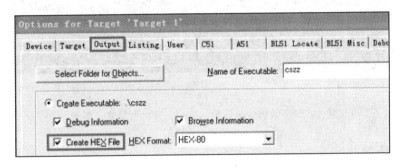

图 5-35　设置生成可执行文件

　　最终得到生成的"HEX"文件，如图 5-36 所示。将其下载到单片机中，观察实验现象和结果，根据实验现象和结果调试程序，直至实现所有功能和性能指标。

```
Build Output
compiling display.c...
compiling ad.c...
compiling i2c.c...
compiling led.c...
compiling rw.c...
compiling csb.c...
linking...
Program Size: data=76.0 xdata=0 code=2505
creating hex file from "cszz"...
"cszz" - 0 Error(s), 0 Warning(s).
```

图 5-36　生成 HEX 文件

5.6　系统调试后的结果

5.6.1　货物类型判断

货物被填装到传送起始位置后，系统启动超声波测距功能，完成货物类型判断，数码管显示界面如图 5-37 所示。

（1）当超声探头与货物之间的距离小于等于 30 cm 时，判断为 Ⅰ 类货物；

（2）当超声探头与货物之间的距离大于 30 cm 时，判断为 Ⅱ 类货物。

界面编号　　　　　　　　距离　　　　　　　　Ⅱ类货物

图 5-37　数码管显示界面 1——货物类型显示界面

5.6.2　货物传送

在非空载、非过载的前提下，通过按键控制直流电机启动货物传送过程，通过数码管实时显示剩余的传送时间，倒计时结束后，传送电机自动停止运行，完成本次传送过程，数码管显示界面如图 5-38 所示。

界面编号　　　　　　　　　　　　　　　　剩余传送时间：5 s

图 5-38　数码管显示界面 2——剩余传送时间显示界面

5.6.3　按键设置

独立按键 S1 设定为启动/停止按键。按下 S1 后，ULN2003 驱动直流电机，"传送装置"启动；再次按下 S1，"传送装置"停止，ULN2003 关断。

独立按键 S2 设定为正向/反向传送控制按键，S2 在"传送装置"启动后才能使用。按下 S2 后，发光二极管从 L1 到 L4 以 0.5 s 为间隔依次循环点亮，"传送装置"开始正向传送"货物"；再次按下 S2 后，发光二极管从 L4 到 L1 以 0.5 s 为间隔依次循环点亮，"传送装置"开始反向传送"货物"。

独立按键 S3 和 S4 分别为"设置"和"调整"按键。通过 TLC549，检测电位器 Rb2 输入的电压信号，模拟"货物"的重量。在电压为 0~1 V 时，"传送装置"判定为空载状态。在此状态下，首先按下 S3，然后通过 S4 进行Ⅰ类货物传送时间的调整；再次按下 S3，可通过 S4 进行Ⅱ类货物传送时间的调整；第三次按下 S3，保存调整后的传送时间到 EEPROM，并关闭数码管显示。按键 S3 和 S4 仅在空载状态下有效。设置过程中数码管显示界面如图 5-39 所示。

界面编号　　　　　　　　Ⅰ类：传送时间2 s　　　Ⅱ类：传送时间4 s

图 5-39　数码管显示界面 3——传送时间设置界面

系统的其他功能不再赘述。总之，在单片机系统的调试过程中，首先要明确系统工作的流程，分步骤实现各个子模块的功能；然后按照主流程图调试主程序。调试主程序注意观察实现现象和结果，根据现象判断出问题的原因，然后调试修改，再观察现象，再调试修改，如此反复，直至实现系统的所有功能和性能指标。

项目功能模拟实现的完整视频

参 考 文 献

[1] 黄锡泉，等.单片机技术及应用(基于 Proteus 的汇编和 C 语言版)[M].北京：机械工业出版社，2014.

[2] 夏明娜，等.单片机系统设计及应用[M].北京：北京理工大学出版社，2011.

[3] 何立民.单片机应用技术选编(10)[M].北京：北京航空航天大学出版社，2003.

[4] 马忠梅.单片机的 C 语言应用程序设计[M].4 版.北京：北京航空航天大学出版社，2007.

[5] 李华.MCS - 51 系列单片机实用接口技术[M].北京：北京航空航天大学出版社，2002.

[6] 金素华，等.单片机调试方法的探讨[J].电子世界，2004(4)：35 - 36.

[7] 刘启林.单片机的调试方法[J].大众科技，2004(11)：23 - 24.

[8] 兰吉昌.单片机 C51 完全学习手册[M].北京：化学工业出版社，2009.

[9] 杨毅刚.持续降低产品成本的系统方略[M].北京：人民邮电出版社，2014.

[10] 姚雪梅，等.Proteus 和 Keil 模拟交通灯的实践教学[J].实验室研究与探索，2016，35(11)：107 - 109，136.

[11] 严均，等.C 语言在单片机开发中的应用分析[J].电脑知识与技术，2020，16(3)：265 - 266.

[12] 沈放，等.MCS - 51 单片机应用实验教程[M].重庆：重庆大学出版社，2019.

第 6 章　用户手册编写

教学目标：理解用户手册的功能与组成，并能根据具体产品撰写符合要求的用户手册。

本章首先概述了用户手册的作用和重要性；然后以模拟智能物流输送带控制装置和双温自动饮水机为项目实例，详细介绍了用户手册的编写与要求；最后简要介绍了编写用户手册需要遵循的原则以及技术产品维护常识，为正确地编写用户手册（产品手册）奠定基础。

6.1　用户手册概述

6.1.1　什么是用户手册

用户手册是交付给用户的，需求级别的文档，引导用户操作该系统（产品）完成自己想要的功能。对软件系统（产品）而言，如果把用户分为管理员和一般用户两个级别，那么需要交付给管理员的就是操作手册，给一般用户的就是用户手册。用户手册是一个通用的名称，对产品而言，就是产品手册，也称为产品说明书，它是一种指导用户使用的文书。产品手册必须向用户介绍产品的性质、结构、使用方法、操作方法、保养、维修等方面的知识，以帮助用户正确使用、保养产品，有效地发挥产品的使用价值。产品手册一般由生产单位编写，印成册子、单页或印在包装、标签上，随产品发出。

6.1.2　用户手册的作用与重要性

产品手册的设计是产品设计活动的组成部分。用户通过产品手册可以了解产品的性能、使用、维修及保养的方法等。科学地使用、维护和管理技术产品不仅是每个用户应具备的基本素养，而且也是衡量人们技术素养的一项重要指标。产品技术信息的缺乏会损害用户利益，而设计者通常不能与用户直接交流，只有通过产品的生产者为用户提供产品的使用说明——产品说明书或用户手册。产品手册的重要之处就是直接面对用户。

6.2　用户手册编写案例

产品的类别不同，其用户说明书的撰写内容、格式、要求也会有所不同。下面列举两种不同的用户手册。

6.2.1　模拟智能物流输送带控制装置用户手册

1. 概述

1）用途

智能物流输送带控制装置适用于输送、类型判断、运动参数记录的固体物料生产输送控制。

2）适用环境条件

（1）海拔高度不超过 1000 m，不低于 −1000 m；

（2）环境温度 −10℃～+40℃；

（3）使用环境空气相对湿度不大于 95％（±25℃时）；

（4）与水平面安装倾斜度不超过 15°；

（5）无明显摇动与冲击振动的地方；

（6）外形尺寸、重量。

外形尺寸：长×宽＝350 mm×90 mm；重量：约 1000 g。

2. 主要特点与功能

1）特点

本控制装置是根据带式输送机的应用需求和运行特点，以嵌入式单片机 STC89C52RC 为核心，由重量检测单元与超重报警单元、货物类型判断、输送带传输方向控制单元、运行参数和状态存储单元等共同组成的具有称重、记录、报警和紧急停车等控制任务的自动控制装置。各功能单元采用模块化结构设计，使得维护、升级十分方便。

2）功能

（1）可与机械系统、运动系统以及液压控制系统构成机电液一体化带式输送机控制系统，使带式输送机平稳制动停车；

（2）空载、过载检测，电动机同步投入启动和同步切除停车控制；

（3）根据货物类型，控制传送时间；

（4）电动机过速保护及控制；

（5）系统突然断电保护控制。系统突然断电时，仍能保证输送机安全平稳地停车；

（6）主要故障类别显示；

（7）前后设备连锁控制。

3. 系统工作原理

1）称重检测单元工作原理

带式输送机工作时，实际系统中采用压力变送器完成称重，其任务是将输送带的货物重量转换成单片机所能接收处理的 0～5 V 模拟电信号。当输出电压 $0 < U_o < 1$ V 时，是空载状态；当输出电压 $1 \leq U_o < 4$ V 时，为正常运送状态，可进行后续的货物类型判断、启动传送等操作；输出电压 $U_o \geq 4$ V 时，输送带是过载状态，驱动蜂鸣器报警。

2）电机驱动与控制

采用电动机作为动力装置，电机的启停标志模拟输送带的运行和停止，电机的转动方向标志模拟输送带的运行方向。同时在电机的控制主回路中增加过热等保护电路。

3）历史数据的存储与显示

历史数据的存储主要需要存储 I、II 类货物的传送时间。使用 EEPROM 存储一些配置信息，以便系统重新上电的时候加载。采用 8 位一体数码管显示系统运行信息。

4. 安装与接线

控制装置安放在干燥、平整、操作方便的地方，接线时通过控制柜中的接线端子排根据标记对应接线。

5. 注意事项

（1）在使用前仔细阅读用户手册，了解其控制性能和要求。定期进行维护，严禁带电操作。

（2）系统必须有良好的接地（接地线装置已经做了显著的标记）。

（3）单片机上各种插接模块已有地址定义，严禁随意交换位置。

（4）用户程序存储在单片机的存储器中，因此用户不要随意将编程器与 CPU 连接，以防破坏源程序。

（5）单片机中的程序是定型产品的原始参数，因此用户不要轻易改动程序和参数值。需要由用户修改的用户自行修改。

6.2.2 双温自动饮水机用户手册

致顾客：感谢您使用本电器产品，请在使用之前，仔细阅读此使用说明书。

1. 各部件名称

双温自动饮水机中各部件的名称如图 6-1 所示。

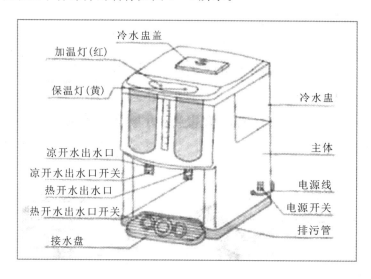

图 6-1　双温自动饮水机

2. 型号规格

型号：DK—808；额定电压：220 V；额定频率：50 Hz；额定功率：850 W；容量：22 L；超温保险器：熔断温度 120℃。

3. 使用说明

（1）使用前应先检查电源是否与额定电压相符。

（2）使用时先往冷水盅加水，水位不得超过排气管口高度，稍等片刻方可接通电源，电源接通时"加温"红灯即亮，表示正在加温。当加热至水开时，红灯熄灭，黄灯即亮，表示自动切断发热元件电源，进入"保温"状态，保温时不耗电，水可饮用。当水温低于设定温度时，红灯亮，黄灯熄灭，表示继续加热。

（3）第一次饮用凉开水。进入保温状态后，按凉开水出水开关，约 1 min 便有温开水流出。此后，如饮水机一直通电，在保温状态下，凉开水即按即出。

4. 使用注意事项

（1）每次使用时应先检查是否有水，不得干烧，以免发热元件损坏。

（2）请勿在饮水机中烧煮任何饮料、食物。

（3）饮水机长时间不用时，应将电源插头拔下，以确保安全。

（4）饮水机使用一段时间后，应定期清洗，以免水中污垢堆积于发热元件表面，影响发热效率。清洗时先将电源拔下，将饮水机的水由排污管放尽后进行清洗，注意不要将水注入主体内。

（5）饮水机插座必须连接可靠的地线，以确保用电安全。

（6）该饮水机采用推环式出水，注意放开水时切勿用手去按压推环，用茶杯（壶）沿轻压推环放开水。

（7）饮水机如有外壳污渍，只宜用干布擦拭，擦拭时应先拔掉电源插头，切不可将饮水机浸入水中清洗，以免造成电器元件漏电，发生意外事故。

（8）本产品无冷却装置，凉开水为自然冷却，需要一段冷却时间。

（9）如饮水机发生故障，应送本公司维修点或由合格维修人员进行检修，切不可自行拆卸。如果器具的电源线损坏，必须使用专用的软线来更换。

5. 生产企业

企业名称：XXXXXX；

地址：XX 省 XX 市 XX 县；

邮编：XXXXXX；

电话：XXXXXX；

传真：XXXXXX；

网址：XXXXXX。

6.3　编写用户手册的原则

6.3.1　用户手册的组成

由上述例子可以看出完整的用户（产品）手册应当由以下几部分组成：

（1）产品的用途、功能说明：主要介绍本产品的用途、性能特点、功能、产品的技术参数。

（2）使用说明：主要介绍本产品具体的、正确的使用方法以及安装、连接（接线）方法。

（3）注意事项：主要介绍在使用该产品的时候要着重注意的地方，或者是有可能产生的负面作用，以消除在使用时或使用后有可能带来的安全隐患。还应该包括出现意外情况时的应急解决方法和出现故障时的维修处理办法。

（4）联系方式：主要写清生产单位名称、地址、邮编、电话、传真及网址等。

6.3.2　编写用户手册遵循的原则

编写用户手册需要遵循的原则如下：

（1）实事求是：在用户手册中不能随意地夸大产品的性能，在注意事项中必须标明其有可能带来的负面影响以及安全隐患，绝不能隐瞒。

（2）表述准确：用户手册中不能有含混其词、模棱两可的词语，更不能有误导性的语言。

（3）通俗易懂：用户手册必须针对产品的具体用户群体，尽可能采用简单明了的语言、规范的字体，必要时应加以图解，尽量避免使用晦涩难懂的专业术语以及繁体字等不规范文字，更不能盲目地使用外文。

（4）详略得当：用户手册的写作不必平均用力，应根据产品的特点、功能和经济价值有所侧重。有的产品用法比较复杂，用户手册的内容应侧重于介绍使用方法；有的产品应注意保养，其用户手册的内容应侧重于介绍保养和维护方法；有的产品易碎、易损，其用户手册的内容应侧重于介绍如何避免意外情况的发生；对于易变质的产品，其用户手册的内容应侧重于介绍产品如何存放等；对于关系到生命财产安全、操作安装使用复杂、有特殊要求的产品，则应提供详细而齐全的用户手册说明书。

6.4　学习掌握技术产品维护常识

学习技术产品的维护常识不仅有助于更加准确、清楚地编写产品手册，而且也是自己日常生活的实际需要。

虽然产品不同，其具体的维护要求也会不同，但从常规逻辑角度看，对不同产品的维护有一些共同的原则。例如：

（1）金属制品的防腐蚀很重要，应注意保持干燥，适时擦拭；机械产品的运动部位润滑状态很重要，应注意定期施加润滑油，及时调整好间隙。

（2）电视机、手机等电子产品的防水很重要，应注意避免被水淋湿。若不慎遇水淋湿，切不可通电开机，以免造成短路，应及时用电吹风将水吹干，然后开机查看。

（3）很多技术产品都具有防高温、防暴晒、防冲击、防酸碱腐蚀等方面的要求，应在搬运和使用过程中注意养护；还有一些技术产品有清洁的要求，应予以注意等。

（4）应勤动手，学会较为熟练地使用扳手、螺丝刀、钳子、电烙铁、小刀、锤子等常用的工具和数字万用表等仪器对技术产品进行日常维护，尝试解决一点小故障，提高自己的操作技能和实践经验。

参 考 文 献

[1]　严利平，等. PIC 16F87X 数据手册：28/40 脚 8 位 FLASH 单片机[M]. 北京：北京航空航天大学出版社，2001.

[2]　袁东. 51 单片机应用开发实战手册[M]. 北京：电子工业出版社，2011.

[3]　程国钢. 51 单片机应用开发案例手册[M]. 北京：电子工业出版社，2011.

第 7 章　单片机技术及应用综合训练要求与任务

教学目标：选择具体的单片机工程应用项目，按照本章中具体的项目任务进度安排表的要求，完成项目功能和相应的技术性能指标的实现，运用调试工具完成单片机工程应用项目调试，并就完成的项目结果进行答辩交流，撰写符合要求的项目总结报告。

本章首先对单片机技术及应用综合训练（或者课程设计）教学环节进行概述，给出项目总结报告的内容要求，特别是结合工程认证要求设计学生学习效果自评表，作为教学环节评价和改进的重要依据。然后提供 10 个具有较强工程应用背景的项目，作为单片机技术及应用综合训练（或者课程设计）教学环节的备选项目，通过项目的独立完成情况来检验学生是否掌握了已经学过的单片机多种资源应用的思路、方法、编程与技术工具，是否具备了综合运用知识解决工程问题的基本能力。

7.1　综合训练要求

7.1.1　综合训练的目的

单片机技术及应用综合训练是学习"单片机原理与应用"课程后，并在完成了课内实验的基础上进行的综合运用所学知识解决实际应用问题的实践训练，是必修的实践教学课程。需要围绕具体项目的任务要求，通过查阅资料，进行总体方案设计与比较分析，硬件设计、制作（加工、焊接或者通过仿真工具构建模块）、安装（装配或者通过仿真搭建系统）与调试，软件设计、编程与调试，综合调试，整理资料和撰写总结报告等，熟悉和理解完成工程项目的基本工作流程与方法，掌握基本的工程应用设计方法和任务进度安排，学会综合并灵活运用已学过的知识，并且能不断自学新知识，具备综合运用所学知识解决实际应用问题的基本能力，为后续走上工作岗位从事技术开发、生产制造等工作奠定重要基础。

7.1.2　综合训练的任务进程安排

每位学生随机从提供的备选项目中抽选其一或者自选具有典型工程背景的项目（需要指导教师审批）；根据项目的任务要求，制定合理的进度安排，独立完成项目的各项功能要求，达到性能技术指标要求；按照总结报告的内容要求写出合格的设计总结报告；遵守教学纪律要求，实施签到考勤制度。2 周时间的单片机技术及应用综合训练任务进程安排如表 7 - 1 所示。

表 7 - 1 单片机技术及应用综合训练任务进程安排表

时间（课内时间、课外 时间自行安排）	工作任务与要求
第 1 天（6 学时）	确定项目，明确任务要求，收集查阅资料，为确定总体系统方案做好充分准备
第 2 天（6 学时）	总体方案论证（比较与分析），以确定具体实施方案，使用工具软件画出系统实施方案框图和硬件电路原理图
第 3～4 天（12 学时）	根据硬件电路原理图，完成硬件电路的搭建与功能调试（或者基于仿真工具 Proteus 等进行仿真模块与系统的搭建）
第 5 天（6 学时）	软件总体结构设计与子程序模块设计。使用工具软件画出软件总流程图与各功能模块子程序流程图
第 6～9 天（24 学时）	基于仿真工具 Keil 完成软件编程与调试。按照流程编写源程序并调试，记录其中的问题及解决问题的方法。综合调试及完善，实现任务功能要求，达到性能指标，保存综合调试的中间结果和最终结果（对结果截图、记录等）
第 10 天（6 学时）	项目验收。根据项目任务要求，现场汇报项目的完成情况，并现场答辩考核。实验室整理与打扫卫生
备注	综合训练结束后 5 天内提交纸质总结报告

7.1.3 总结报告的内容与要求

总结报告是对综合训练的系统总结，具体包括以下主要内容：

（1）综合训练的目的：采用第一人称，结合个人选定的具体项目作概括性表述。

（2）项目的任务要求：结合选定的具体项目进行描述，包括项目需要实现的功能描述、性能指标和其他方面的要求等。

（3）综合训练平台环境：包括软件环境（操作系统、工具软件等）和硬件环境（硬件平台、测试工具）等。

（4）系统方案设计：根据（2）中的功能要求与技术性能指标，设计出项目实施的系统方案，通过方案比较与分析，使用工具软件画出最终系统方案框图。

（5）硬件设计与实现：通过对各硬件电路模块的设计、分析，完成硬件系统设计。画出完整的硬件电路原理图（包括各种器件的型号和参数），搭接硬件电路并完成调试，或通过仿真工具 Proteus 等进行模块与系统的搭建、仿真与调试。

（6）软件设计与实现：软件总体结构设计。画总流程图、各功能模块子程序流程图。对关键算法、参数的选取等进行分析和阐述；编程与调试。对照流程图选取合适的语言（仿真工具软件 Keil），采用模块化结构进行编程，之后对所有模块逐一进行调试，然后链接起来统调；编写程序文档。如同正式产品必须具有产品说明书一样，必须向用户提供程序说明书（也称为用户文档），内容包括：程序名称、功能、运行环境、装入和启动、需要输入的数据以及使用注意事项。

（7）硬软件联合调试：按照项目任务要求，对照检查是否实现了功能要求，是否完成了性能指标。最后要翔实记录实现的结果、出现的问题和解决的方法。

（8）附录：包括两项内容，一是按照科技论文的参考文献格式或者本书参考文献的格式列写自己本次综合训练所使用的参考文献（网上的文献资料要注明网址），二是有程序文档和注释的源程序。

（9）学习效果自我评价：对照表 7-2 中每一条目，客观、实事求是地回答自己达到的程度和取得的效果，并对后续该实践教学的实施提出建议。

表 7-2　本实践教学学习效果自我评价表

自我评价内容		效果达成情况				
		5	4	3	2	合计
1.能够针对专业领域工程应用问题确定设计目标与任务，完成具体的系统方案设计，画出系统方案框图，并能体现创新意识（不同点、有新意的地方）	（1）能够针对专业领域工程应用问题，确定设计目标与任务					
	（2）能够完成具体的系统方案设计，画出系统方案框图					
	（3）能体现创新意识（不同点、有新意的地方）					
2.能够设计满足项目需求的软件总体结构，正确画出总流程图和子流程图，并编写相应的应用程序	（1）能够设计满足项目需求的软件总体结构					
	（2）能够正确画出总体流程图和子流程图					
	（3）能编写相应的应用程序					

自我评价内容		效果达成情况				合计
		5	4	3	2	
3. 能够根据选定项目的任务要求分析设计模块，完成硬件系统设计，画出完整的硬件电路原理图（包括各种器件的型号和参数），搭接硬件电路并完成调试	（1）能够根据选定项目的任务要求分析设计模块，完成硬件系统设计					
	（2）能够画出完整的硬件电路原理图（包括各种器件的型号和参数）					
	（3）能够搭接硬件电路并完成调试					
4. 结合项目任务能够选择合适的仿真软件工具（包括 Keil、Proteus 等），进行模块与系统的搭建、仿真和调试，能够理解软件工具的局限性	（1）结合项目任务，能够选择合适的仿真软件工具（包括 KeilC51、Proteus 等）					
	（2）能够进行模块与系统的搭建、仿真和调试					
	（3）能够理解软件工具的局限性					

注释：数字"5～2"分别代表自己对应评价内容达到的程度，即"效果达成很好、效果达成较好、达到要求、基本达到"。在"效果达成情况"的评价等级中打"√"

对本次综合训练的建议：

7.2　综合训练任务

7.2.1　模拟智能灌溉系统

要求"模拟智能灌溉系统"能够实现土壤湿度测量、土壤湿度和时间显示、湿度阈值设定及存储等基本功能。通过电位器 Rb2 输出电压信号，模拟湿度传感器输出信号，再通过 A/D 转换采集，完成湿度测量；通过 DS1302 芯片提供时间信息；通过按键完成灌溉系统控制和湿度阈值调整；通过 LED 完成系统工作状态指示。系统硬件电路主要由单片机控制电路、显示单元、A/D 采集单元、RTC 单元、EEPROM 存储单元、继电器控制电路及报警输出电路组成，具体要求如下。

1. 系统工作及初始化状态说明

（1）自动工作状态，根据湿度数据自动打开或关闭灌溉设备，以 L1 点亮指示；

（2）手动工作状态，通过按键控制打开或关闭灌溉设备，以 L2 点亮指示；

（3）定时工作状态，根据设定时间自动打开或关闭灌溉设备，以 L3 点亮指示；

（4）系统上电后处于自动工作状态，初始湿度阈值为 EEPROM 中的保存值，若湿度低于设定阈值，则灌溉设备自动打开，达到设定阈值后，灌溉设备自动关闭；

（5）灌溉设备打开或关闭通过继电器工作状态模拟。

2. 数码管显示单元

当前时间及湿度数据显示格式如图 7-1 所示。

0	8.	3	0	—	0	5
时（8时）		分（30分）		分隔符	湿度（5%）	

图 7-1　湿度数据显示界面

3. 报警输出单元

系统工作于手动工作状态下时，若当前湿度低于湿度阈值，则蜂鸣器会发出说明音，并可通过按键 K19 关闭提醒功能。

4. 功能按键

（1）按键 K20 设定为系统工作模式或显示界面切换按键，具体为：手动模式、自动模式、定时灌溉模式(设定灌溉装置启动/停止时间)、阈值设定界面、实时显示界面(时间、当前湿度)。

　　(2) 手动工作模式下,按键 K19、K18、K17 的功能设定为:按下 K19 后,关闭蜂鸣器提醒功能,再次按下 K19 后,打开蜂鸣器提醒功能,如此循环;K18 功能设定为打开灌溉系统;K17 功能设定为关闭灌溉系统。

　　(3) 自动工作模式下,按键 K19、K18、K17 的功能设定为:K19 功能设定为湿度阈值调整按键;按下 K19 后,进入湿度阈值调整界面(图 7-2),此时按下 K18 为湿度阈值＋1,按下 K17 为湿度阈值－1,再次按下 K19 后,系统将新的湿度阈值保存到 EEPROM 中,并退出湿度阈值设定界面,返回图 7-2 所示界面。

8	8.	8	8	—	0	5
熄灭		熄灭		分隔符	湿度阈值(5%)	

图 7-2　湿度阈值设定界面

　　(4) 定时灌溉模式下,按键 K19、K18、K17 的功能设定为:K19 为设置开启时间、关闭时间和确认设置三种功能的切换键;首次按下 K19,进入图 7-3 所示界面,再次按下,开启时间四个数码管以 0.5 s 间隔闪烁,此时通过按键 K18、K17 进行时间调整;第三次按下 K19,开启时间数码管停止闪烁,关闭时间数码管以 0.5 s 间隔闪烁,此时通过按键 K18、K17 进行时间调整;第四次按下 K19,为确认设置,此时将设定的开机与关机时间存入 EEPROM 中,并返回工作状态界面,如图 7-1 所示。

　　K18 为数值"时"＋1 键,在 0~23 之间循环设置;K17 为数值"分"＋1 键,在 0~59 之间循环设置。

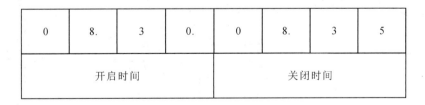

0	8.	3	0.	0	8.	3	5
开启时间				关闭时间			

图 7-3　定时时间设定界面

5. 实时时钟

　　"模拟智能灌溉系统"通过读取 DS1302 时钟芯片相关寄存器获得时间,DS1302 芯片时、分、秒寄存器在程序中设定为系统进行初始化设定，时间为 08 时 30 分。

6. 湿度检测单元

以电位器 Rb2 输出电压信号模拟湿度传感器输出信号，且假定电压信号与湿度成正比例关系，H（湿度）＝KVRb2（K 为常数），Rb2 电压输出为 5 V 时对应湿度为 99％。

7. EEPROM 存储单元

系统通过 EEPROM 存储湿度阈值、开启时间和关闭时间。掉电重启后，数据保持上次设定值不变。

根据任务与要求，给出了模拟智能灌溉系统的总流程图，如图 7-4 所示。

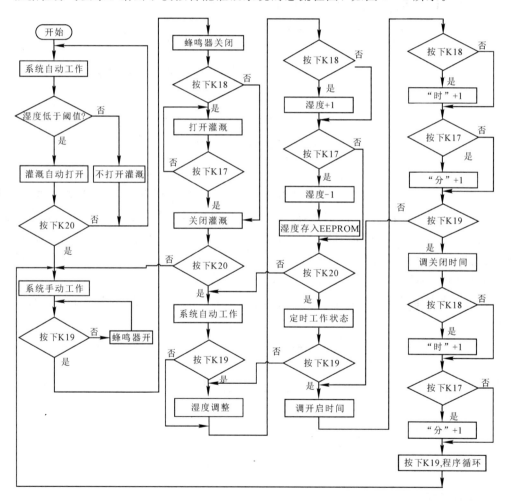

图 7-4　模拟智能灌溉系统总流程图

7.2.2　模拟简易温度控制器系统

设备按照 1 s 时间间隔自动采集温度数据，并具有数码管实时显示时间、温度，自动调节温度等功能，系统硬件部分主要由按键电路、电源供电电路、RTC 时钟、传感器电路、显示电路、直流电机、继电器等组成，具体要求如下。

1. 数码管显示

设备上电后，自动进入时钟显示界面，如图 7-5 所示，并开始采集温度。

0	8.	3	0	—	2	2.	3
时(8时)		分(30分)		分隔符	实时温度		

图 7-5　时钟显示界面

要求：时钟显示界面下，时间小数点以 0.5 s 为间隔闪烁，温度值小数点一直点亮。

2. 温度检测功能

使用 DS18B20 温度传感器实现温度测量功能。

3. 温度控制功能

(1) 独立按键 K20 切换自动工作状态(L1 点亮)、手动工作状态(L2 点亮)、定时工作状态(L3 点亮)。

(2) 自动工作状态下，首次按下 K19 进入温度阈值设置界面，如图 7-6 所示，按键 K18 为温度阈值"＋"键，按键 K17 为温度阈值"－"键，再次按下 K19 为确认键，此时进入时钟显示界面，如图 7-5 所示。若温度低于阈值，则继电器接通，直流电动机关闭；若温度高于阈值，则直流电机启动，继电器关闭。

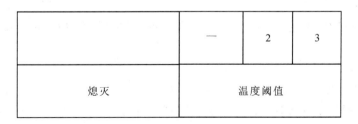

	—	2	3
熄灭	温度阈值		

图 7-6　温度阈值设定界面

(3) 手动工作状态下，K19 为启动/停止直流电机按键，K18 为启动/停止继电器按键，此时界面如图 7-5 所示。

（4）定时工作状态下，K19 为设置开启时间、关闭时间、确认设置三种功能的切换键，在设置时间内自动打开直流电机。

首次按下 K19，进入图 7-7 所示界面；再次按下 K19，开启时间四个数码管以 0.5 s 间隔闪烁，此时通过按键 K18、K17 进行开启时间调整；第三次按下 K19，开启时间数码管停止闪烁，关闭时间数码管以 0.5 s 间隔闪烁，此时通过按键 K18、K17 进行关闭时间调整；第四次按下 K19，为确认设置，此时将设定的开机与关机时间存入 EEPROM 中，并返回工作状态界面，如图 7-5 所示。

K18 为数值"时"＋1 键，在 0～23 之间循环设置；K17 为数值"分"＋1 键，在 0～59 之间循环设置。

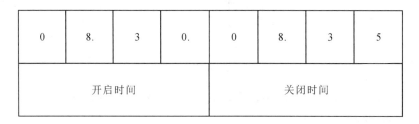

图 7-7　定时时间设定界面

4. RTC

使用 DS1302 时钟芯片实现 RTC 的相关功能。

5. 设备工作模式说明

（1）默认 RTC 时间：23 时 59 分 50 秒；

（2）默认温度数据采集间隔为 1 s；

（3）设备处在不同的显示界面下，与该界面无关的按键操作无效。

6. EEPROM 存储单元

系统通过 EEPROM 存储温度阈值、开启时间、关闭时间。掉电重启后，数据保持上次设定值不变。

根据任务与要求，作如下说明：

（1）数码管刷新时间：影响亮度以及稳定性。

（2）按键：通过硬件或者软件的方法去除键盘抖动；在手动状态下，检测按键是否需要松开；检测键盘长按是否影响数码管的稳定显示。

（3）电机：在进行 PWM 波调速时，根据实时温度，合理调节，达到节能效果。

7.2.3　模拟自动窗帘控制系统

设备按照 1 s 时间间隔自动采集光线亮度数据,并具有数码管实时显示时间、亮度,打开或关闭窗帘等功能。系统硬件部分主要由按键电路、电源供电电路、传感器电路、显示电路、步进电机等组成,具体要求如下。

1. 数码管显示

设备上电后,自动进入时钟显示界面,如图 7 - 8 所示,并开始采集亮度数据。要求:时钟显示界面下,时间小数点以 0.5 s 间隔闪烁。

0	8.	3	0	—	1	2	3
时(8时)		分(30分)		分隔符	实时亮度		

图 7 - 8　时钟显示界面

2. 亮度检测功能

使用光敏电阻结合 A/D 转换模块实现亮度测量功能。

3. 窗帘控制功能

(1) 独立按键 K20 切换自动工作状态(L1 点亮)、手动工作状态(L2 点亮)、定时工作状态(L3 点亮)。

(2) 自动工作状态下,按下按键 K18 进入日期显示界面,如图 7 - 9 所示;再次按下回到时钟显示界面,如图 7 - 8 所示;首次按下 K19 进入亮度阈值设置界面,如图 7 - 10 所示,按键 K18 为亮度阈值"＋"键,按键 K17 为亮度阈值"－"键,再次按下 K19 为确认键,此时将设定阈值存入 EEPROM 中,并进入时钟显示界面,如图 7 - 8 所示。若亮度低于阈值,则步进电机正转(窗帘打开);若亮度高于阈值,则步进电机反转(窗帘关闭)。

2017.	03.	08
2017年	3月	8月

图 7 - 9　日期显示界面

(3) 手动工作状态下,K19 为启动/停止步进电机正转按键,K18 为启动/停止步进电机反转按键,此时界面如图 7-8 所示。

(4) 定时工作状态下,K19 为设置开启时间、关闭时间、确认设置三种功能的切换键,在设置时间内自动打开步进电机正转(窗帘打开),其他时间步进电机反转(窗帘关闭)。

	1	2	3
熄灭	亮度阈值		

图 7-10　亮度阈值设定界面

首次按下 K19,进入图 7-11 所示界面,再次按下 K19,开启时间四个数码管以 0.5 s 间隔闪烁,此时通过按键 K18、K17 进行开启时间调整;第三次按下 K19,开启时间数码管停止闪烁,关闭时间数码管以 0.5 s 间隔闪烁,此时通过按键 K18、K17 进行关闭时间调整;第四次按下 K19,为确认设置,此时将设定的开机与关机时间存入 EEPROM 中,并返回工作状态界面,如图 7-8 所示。

K18 为数值"时"+1 键,在 0~23 之间循环设置;K17 为数值"分"+1 键,在 0~59 之间循环设置。

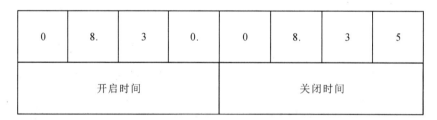

0	8.	3	0.	0	8.	3	5
开启时间				关闭时间			

图 7-11　定时时间设定界面

4. 设备工作模式说明

(1) 默认日期与时间:2017 年 03 月 08 日 08 时 30 分 50 秒;

(2) 默认亮度数据采集间隔为 1 s;

(3) 设备处在不同的显示界面下,与该界面无关的按键操作无效。

5. EEPROM 存储单元

系统通过 EEPROM 存储亮度阈值,当前的年、月、日、时、分,开启时间,关闭时间。掉电重启后,数据保持上次设定值不变。

根据任务与要求,作如下说明:

(1) 进入三种工作状态后,以 K17 按键模拟限位开关,用于停止步进电机;

(2) 通过按键进行界面切换,可设置标志位,根据其值切换到对应界面;

(3) 步进电机:脉冲调速,避免电机抖动异常,选择合理的驱动方式。

7.2.4　模拟简易计算器

要求简易计算器具有加、减、乘、除的 3 位数运算功能、数字钟和秒表功能。系统硬件部分主要由矩阵键盘(4×4)电路、EEPROM、蜂鸣器、电源供电电路和液晶显示(LCD1602)电路等组成。首先定义一个模式切换按键 K15,然后由 K15 切换当前模式(计算器模式、数字钟模式和秒表模式),具体要求如下。

1. 计算器模式

计算器的按键由 K1~K10(0~9)、K11(退格)、K12(清零)、K13(等于)和 K14(加、减、乘、除)组成,实现最高 3 位数的加、减、乘、除运算,显示格式如图 7-12 所示。

```
                        123*100

                        =12300
```

图 7-12　运算显示界面

退格键用于删除当前输入的数字或者运算符,清零键用于清除运算过程中的公式和结果,等于键用于确认输入完成,进行运算并显示结果。

注:运算符按键 K14 实现加、减、乘、除的输入,即 K13 按下一次为"+",在 2 s 内再次按下切换为"-",以此类推。若超过 2 s,则为当前的运算符。

2. 数字钟模式

数字钟模式要求实现年、月、日、时、分、秒的显示,能够自动计算闰年和大小月,并具备整点报时及闹钟功能,可以通过按键设置当前时间、闹铃开关以及闹铃时间。所有设置完成按确认键后,将设置值保存到 EEPROM 中。时钟显示界面如图 7-13 所示。

```
            2017 —  03 — 28

08:30:50(当前时间)        09:30(闹铃时间)
```

图 7-13　时钟显示界面

注：整点报时为当前几时，蜂鸣器响几次。闹铃时间到，蜂鸣器以 1 s 为间隔发出闹铃声，持续 1 min，可用按键提前停止闹铃。要求保存当前时间及闹铃时间到 EEPROM 中，每次开机后，恢复年、月、日、时、分以及闹铃时间的值。

3. 秒表模式

秒表模式要求设置启动按键、记录按键、停止按键、查询按键和清零键。

（1）启动按键：按下该键秒表开始计时，此时显示界面如图 7-14 所示。

```
┌─────────────────────────────────────┐
│  时(2位):分(2位):秒(2位):千分秒(3位)  │
│                                       │
│  00(记录个数)                         │
└─────────────────────────────────────┘
```

图 7-14　秒表工作界面

（2）记录按键：按下一次记录一个时间，秒表继续工作，再次按下记录第二个时间，以此类推，最多记录 10 个时间。

（3）停止按键：按下该键则停止计时。

（4）查询按键：按下该键可以查看已记录的时间，具体显示格式如图 7-15 所示。

```
┌─────────────────────────────────────┐
│  00(第几个记录)                       │
│                                       │
│  时(2位):分(2位):秒(2位):千分秒(3位)  │
└─────────────────────────────────────┘
```

图 7-15　秒表查询界面

（5）清零键：按下该键则所有显示清零，即可重新进行计时。

根据任务与要求，作如下说明：

（1）矩阵键盘：注意按键的优先级问题以及错键、多键问题；

（2）保存时间及闹铃时间到 EEPROM 中，每次开机后恢复日期、时间以及闹铃时间值；

（3）利用按键进行界面切换，可设置标志位，根据其值切换到对应界面。

7.2.5　模拟门禁控制系统

门禁控制系统主要有两种工作模式：

模式 1：7:00～22:00 为自动门状态，该状态下门的开与关通过超声波测距控制，当测到的距离小于 30 cm 时门开，门开 5 s 后自动关闭。

模式 2：22:00～7:00 为密码门状态，开门是通过输入正确的密码来实现的，门开启 5 s 后自动关闭，密码输入错误达到 3 次时，蜂鸣器报警 3 s。

门禁控制系统框图如图 7-16 所示。

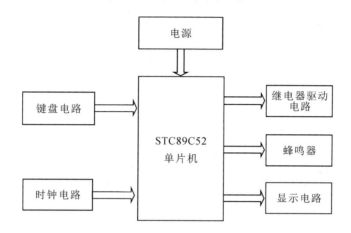

图 7-16　门禁控制系统框图

门禁控制系统的具体要求如下。

1. 时间显示单元

通过 DS1302 获得时间，时间初始值为 06:59:00，通过 8 位数码管显示，显示界面如图 7-17 所示。

0	6	▬	5	9	▬	0	0
时（2 位）		间隔符	分（2 位）		间隔符	秒（2 位）	

图 7-17　时间显示界面

2. 矩形键盘功能

4×4 键盘功能分布如图 7-18 所示。

0	1	2	3
4	5	6	7
8	9	设置	复位
		确认	退出

图 7-18　键盘分布

（1）在密码门状态下系统显示（等待密码输入状态）如图 7-19 所示。

▭	▭						
输入状态		6位密码（等待输入）					

图 7-19　等待密码输入状态

在此状态下可以输入 6 位数字密码，每输一位密码并用数码管从左到右依次显示出来，显示界面如图 7-20 所示。

▭	▭	6	5	4	3	2	1
输入状态		6位密码					

图 7-20　输入 6 位密码状态

系统初始密码为"654321"，密码输入完成后按确认键确认密码输入。

（2）重设密码状态（设置新密码）。矩形键盘上的"设置"键用于修改密码。按下此键后进入等待输入旧密码的显示界面，如图 7-21 所示。

	▭	6	5	4	3	2	1
输入状态		等待输入旧密码					

图 7-21　输入旧密码状态

正确输入 6 位旧密码后按下确认键，完成旧密码输入。若密码正确，则进入新密码输入界面，如图 7 - 22 所示。6 位新密码输入完成后按确认键，就完成了新密码的设置。

图 7 - 22　设置新密码状态

（3）"复位"键功能。"复位"键用于将当前密码恢复为系统初始密码"654321"。

（4）"退出"键功能。"退出"键用于在修改密码完成之前退出密码的修改回到密码门等待输入密码状态，显示状态如图 7 - 23 所示。

图 7 - 23　退出密码状态

3. 门的开与关控制

当超声波测距小于 30 cm 或正确输入密码后，继电器闭合表示门已打开，5 s 后继电器断开表示门已关闭。

4. 蜂鸣器单元

在输入密码的状态下，若连续 3 次输入错误的密码，则蜂鸣器会报警 3 s；在修改密码时，3 次输错旧密码，蜂鸣器报警 3 s，并退出密码修改功能。

5. EEPROM 单元

EEPROM 单元用于存储当前密码或新密码。当确认输入密码后从 EEPROM 中取出原密码与已输入的当前密码进行比对。

根据任务与要求，作如下说明：

（1）为提高超声波测距的精确度，可以重复计算多次，计算其平均值；

（2）为了安全起见，若距离持续低于设定值，则保持开门状态；

（3）在密码输入时，可增加退格键，防止误按。

7.2.6　模拟出租车计费器

模拟出租车计费器的工作流程为：通过按键模拟出租车的启动、驻车等待和下车结算；通过数码管显示费率、里程、等待时间及总费用；通过光敏电阻检测环境亮度，在亮度过低的情况下，自动打开车灯。系统硬件电路主要由单片机、电源、键盘电路、时钟电路、复位电路、A/D转换电路、LED显示电路和数码管显示电路组成，系统框图如图7-24所示。

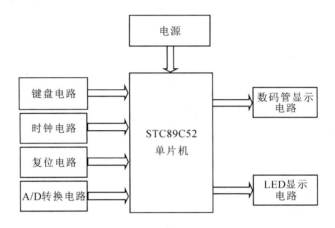

图7-24　出租车计费器系统框图

模拟出租车计费器的具体要求如下。

1. 按键控制单元

设定按键K17为启动控制按键，按下K17后，出租车计费器开始计算里程（指示灯L1点亮）；设定按键K18为驻车等待控制按键，按下K18后，出租车计费器开始计算等待时间；设定按键K19为下车结算控制按键，按下K19后，出租车计费器计算总费用。

2. 数码管显示单元

通过4位数码管DS1显示费率（单位为元/公里，保留1位有效数字）和等待时间（单位为s）。

通过4位数码管DS2显示当前里程（单位为公里，保留1位有效数字，假设车速为0.1 km/s）和总价（下车结算的金额，单位为元）。按下K17后，清除数码管DS1和DS2显示数据，数码管DS1显示费率（1.8元/公里），数码管DS2实时显示里程。在启动状态下，再次按下K17，不会影响启动状态；按下K18后，数码管DS1实时显示等待时间，数码管DS2实时显示金额（3公里以内10元，3公里以外按1.8元/公里计费，驻车等待累计不超过30 s不加价，超过30 s按0.1元/s计费）；按下K19后，数码管DS1显示总里程，数码管DS2显示总价。

按下K17后，数码管显示如图7-25所示。

8	1.	8	8	0	0	1.	1
熄灭	费率：1.8元/公里		熄灭	当前公里数：1.1公里			
数码管DS1				数码管DS2			

图 7-25　计费器启动状态数码管显示

按下 K18 后，数码管显示如图 7-26 所示。

8	3	1	8	0	1	0.	1
熄灭	时间：30 s		熄灭	当前金额：10.1元			
数码管DS1				数码管DS2			

图 7-26　计费器驻车等待状态数码管显示

按下 K19 后，数码管显示如图 7-27 所示。

0	4.	1	0	0	1	1.	9
熄灭	当前公里：4.1公里		熄灭	金额：11.9元(含驻车等待费用)			
数码管DS1				数码管DS2			

图 7-27　计费器下车结算状态数码管显示

3. EEPROM 存储单元

在未启动计费状态下，通过 K18、K19 进行费率的修改，并将修改后的费率存入 EEPROM。

4. A/D 转换单元

通过光敏电阻 Rd1 和 A/D 转换芯片组成的车灯控制电路(亮度值转换为光敏电阻通道的电压)；当光敏电阻通道输入电压小于 1.25 V 时，D1501 点亮，大于等于 1.25 V 时，D1501 熄灭。

5. 系统说明

假定起步价为 10.0 元，默认费率为 1.8 元/公里(系统开机时将 EEPROM 保存的费率作为系统运行的费率)，速度为 0.1 km/s。

根据任务与要求，作如下说明：

（1）可以将 P2 口用作电路键盘，显示电路用 P1 口和 P3 口，其中 P1 口为液晶数据口。

（2）A/D 转换：检测光亮，由于采用数字量进行比较，应按照比例匹配设定值(1.25/5)。

（3）按键：通过硬件或者软件的方法去除键盘抖动；在手动状态下，检测按键是否需要松开；检测键盘长按是否影响数码管的稳定显示。

7.2.7　模拟简易电度表

模拟简易电度表的工作流程为：通过按键切换电度表的不同功能；通过数码管显示当前的时、分、秒，费率，用电量及总费用；通过光敏电阻检测环境亮度，在亮度过低的情况下，自动点亮电度表照明灯。系统硬件电路主要由单片机、电源、键盘电路、时钟电路、复位电路、A/D 转换电路、LED 显示电路和数码管显示电路组成，系统框图如图 7 - 28 所示。

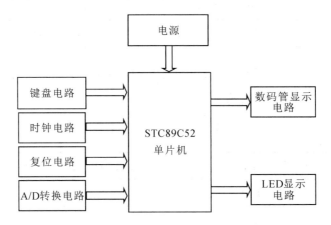

图 7 - 28　简易电度表系统框图

模拟简易电度表的具体要求如下。

1. 按键控制单元

设定按键 K17 为启动控制按键，按下 K17 后，电度表开始计算用电量（指示灯 L1 点亮）。设定按键 K18 为时、分、秒控制按键，按下 K18 后，电度表显示当前的时、分、秒。设定按键 K19 为电费计算按键，按下 K19 后，电度表计算总费用。

2. 数码管显示单元

通过 4 位数码管 DS1 显示费率（单位为元/度，保留 2 位有效数字）和当前小时（单位为小时）。

通过 4 位数码管 DS2 显示当前分钟、秒和总价（停止时，单位为元，保留 2 位有效数字）：按下 K17 后，清除数码管 DS1 和 DS2 显示数据，数码管 DS1 显示费率（0.52 元/度），数码管 DS2 实时显示用电量（单位为度，保留 2 位有效数字）。在启动状态下，再次按下

K17，不会影响启动状态；按下 K18 后，数码管 DS1 实时显示当前小时，数码管 DS2 实时显示当前分钟和秒；按下 K19 后，数码管 DS1 显示总用电量，数码管 DS2 显示总价。

按下 K17 后，数码管显示如图 7-29 所示。

0.	5	2	8	0	0	1.	0
费率：0.52元/度			熄灭	当前用电量：1.0度			
数码管DS1				数码管DS2			

图 7-29　电度表启动状态数码管显示

按下 K18 后，数码管显示如图 7-30 所示。

8	8	1	0	0	9	3	2
熄灭	当前时间：10时9分32秒						
数码管DS1				数码管DS2			

图 7-30　电度表时钟状态数码管显示

按下 K19 后，数码管显示如图 7-31 所示。

0	1.	0	0	0	0.	5	2
熄灭	用电总量：1.0度		熄灭	金额：0.52元			
数码管DS1				数码管DS2			

图 7-31　电度表电费结算数码管显示

3. EEPROM 存储单元

在电费结算完的状态下，通过 K18、K19 进行费率的修改，并将修改后的费率存入 EEPROM。

4. A/D 转换单元

通过光敏电阻 Rd1 和 A/D 转换芯片组成的电表照明控制电路（亮度值转换为光敏电阻通道的电压）；当光敏电阻通道输入电压小于 1.25 V 时，D1501 点亮，大于等于 1.25 V 时，D1501 熄灭。

5. 系统说明

假定费率为 0.52 元/度(系统开机时将 EEPROM 保存的费率作为系统运行的费率),速度为 0.1 度/秒。

根据任务与要求,作如下说明:

(1) A/D 转换:检测光亮,由于采用数字量进行比较,应按照比例匹配设定值(1.25/5)。

(2) 按键:通过硬件或者软件的方法去除键盘抖动;在手动状态下,检测按键是否需要松开;检测键盘长按是否影响数码管的稳定显示。

(3) 在编程调试时,采用模块化编程,并对各个模块进行逐个调试,在遇到程序错误时能够及时有效解决问题。

7.2.8 模拟自动售水机

通过单片机实验开发板模拟小区自动售水机的工作流程:通过按键控制售水机水流出和停止;通过数码管显示费率、出水量及总费用;通过光敏电阻检测环境亮度,在亮度过低的情况下,自动开灯。系统硬件电路主要由单片机、电源、数码管显示电路、键盘电路、A/D 转换电路、时钟电路、复位电路、继电器电路以及 LED 显示电路组成,系统框图如图 7-32所示。

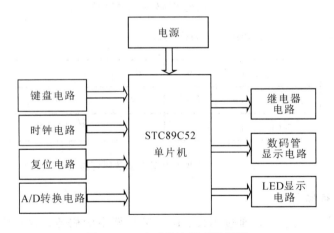

图 7-32 自动售水机系统框图

I^2C 总线驱动程序和涉及的芯片数据手册,可自行查阅文献。

自动售水机的具体要求如下。

1. 按键控制单元

设定按键 K18 为出水控制按键,按下 K18 后,售水机持续出水(继电器接通,指示灯LED 点亮)。设定按键 K17 为停水控制按键,按下 K17 后,停止出水(继电器断开,指示灯

LED 熄灭）。

2. 数码管显示单元

通过 4 位数码管 DS1 显示费率，单位为元/升，保留 2 位有效数字。

通过 4 位数码管 DS2 显示当前出水总量（出水时，单位为升，保留 2 位有效数字）和总价（停止时，单位为元，保留 2 位有效数字）：按下出水按键 K18 后，清除数码管 DS2 显示数据，数码管 DS2 实时显示出水量，在出水状态下，再次按下 K18，不会影响出水状态，直到按下停止按键 K17 为止；按下停止出水按键 K17 后，数码管 DS2 显示总价。

按下 K18 后，进入售水机出水状态，数码管显示如图 7-33 所示。

0.	5	0	8	0	1.	0	0
费率：0.50元/升			熄灭	当前出水总量：1升			
数码管DS1				数码管DS2			

图 7-33　售水机出水状态数码管显示

按下 K17 后，进入售水机出水停止状态，数码管显示如图 7-34 所示。

0.	5	0	8	0	0.	5	0
费率：0.50元/升			熄灭	总价：0.50元			
数码管DS1				数码管DS2			

图 7-34　售水机出水停止状态数码管显示

3. EEPROM 存储单元

在停止售水的状态下，通过 K19、K20 进行费率的修改，并将修改后的费率存入 EEPROM。

4. A/D 转换单元

通过光敏电阻 Rd1 和 A/D 转换芯片 TLC549 组成的亮度检测电路（亮度值转换为 TLC549 光敏电阻通道的电压）检测环境亮度；当 TLC549 光敏电阻通道输入电压小于 1.25 V 时，D1501 点亮，大于等于 1.25 V 时，D1501 熄灭。

5. 系统说明

（1）假定费率为 0.50 元/升（系统开机时将 EEPROM 保存的费率作为系统运行的费率），出水速度为 100 mL/s。

(2) 一次出水总量达到 99.99 L 时，继电器自动断开，数码管 DS2 显示价格。

根据任务与要求，作如下说明：

(1) A/D 转换：检测光亮，由于采用数字量进行比较，应按照比例匹配设定值(1.25/5)。

(2) 在检测环境亮度时，亮度值转换为光敏电阻通道的电压。

(3) 按键：通过硬件或者软件的方法去除键盘抖动；在手动状态下，检测按键是否需要松开；检测键盘长按是否影响数码管的稳定显示。

(4) 出水计算：可采用定时器产生 1 s 定时；亦可以采用定时器产生 0.1 s 定时，以精确显示出水量后两位。

7.2.9 模拟道路交通灯控制系统

采用单片机设计一个模拟的道路交通灯控制系统，通过单片机控制十字路口东西南北的红黄绿灯的亮与灭，并显示等待时间(小于等于 99 s)，在显示等待时间时要求实现高位消零功能。该控制系统主要由单片机、电源、时钟电路、键盘电路、复位电路、LED 交通灯指示电路以及数码管显示电路组成，如图 7-35 所示。该控制系统要求具备四个路口黄灯闪烁、手动和自动三种控制方式。具体要求如下：

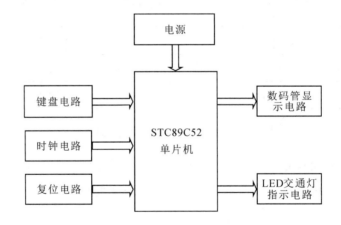

图 7-35 道路交通灯控制系统框图

(1) 在自动方式下，要求在每年 5～10 月每天 4:00～23:30 期间东西方向(或南北方向)红灯转换为绿灯时(或绿灯转换为红灯时)黄灯闪烁 3 s 自动运行，在 23:30～4:00 期间四个路口的黄灯同时闪烁(倒计时不显示)；每年 11 月到次年 4 月每天 5:00～23:00 期间东西方向(或南北方向)红灯转换为绿灯时(或绿灯转换为红灯时)黄灯闪烁 3 s 自动运行，在 23:00～5:00 期间四个路口的黄灯同时闪烁(倒计时不显示)，依次循环。

(2) 在手动方式下，可以通过按键切换东西方向(或南北方向)红灯(或绿灯)的亮与灭，切换时要求黄灯闪烁 3 s。此外,可以随时调整等待时间,同时将调整后的等待时间保存到 EEPROM 中,每次系统开启时要求将 EEPROM 中保存的时间作为等待时间使用。

(3) 在黄灯闪烁方式下,四个路口黄灯一直闪烁(倒计时不显示),红灯、绿灯灭。

(4) 系统说明:系统时钟采用 RTC,RTC 芯片是一种能提供日历/时钟(世纪、年、月、时、分、秒)及数据存储等功能的专用集成电路。

根据任务与要求,作如下说明:

(1) 数码管刷新时间:影响亮度以及稳定性。

(2) 利用单片机的 P0 口和 P2 口作为字段和片选信号输出,通过 P1 口控制各种信号灯的亮与灭。

(3) P3.0、P3.1 为串口通信,在线路设计时应尽量避开。

7.2.10　模拟信号源的频率、周期和脉宽的测量

实现实时检测信号源的频率、周期和脉宽,并在 4 位数码管上显示。系统硬件由 555 电路或信号源电路、数码管电路、按键电路和发光二极管电路组成。系统分为频率检测、周期测量和脉宽测量三种模式,通过按键 K20 循环切换三种模式,具体要求如下:

(1) 频率检测模式:以发光二极管 D1501 点亮指示,信号源频率显示格式如图 7 - 36 所示。

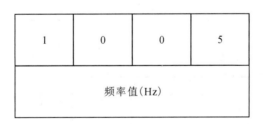

1	0	0	5
频率值(Hz)			

图 7 - 36　频率显示界面

(2) 周期测量模式:以发光二极管 D1502 点亮指示,信号源周期显示格式如图 7 - 37 所示。

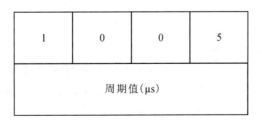

1	0	0	5
周期值(μs)			

图 7 - 37　周期显示界面

（3）脉宽测量模式：以发光二极管 D1503 点亮指示，信号源脉宽显示格式如图 7-38 所示。

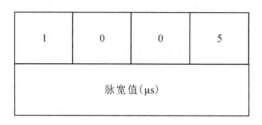

图 7-38　脉宽显示界面

注：如果所测量的值大于 4 位数值，则显示高 4 位数，并在第二个数码管上显示小数点。例如，频率为 12 345 Hz，显示格式如图 7-39 所示。如果小于 4 位数值，则实现高位消零功能，如图 7-40 所示。

图 7-39　频率带小数点显示界面

图 7-40　频率值消零显示界面

根据任务与要求，作如下说明：

（1）频率检测：单位时间脉冲个数（1 s 定时，计数外部脉冲并读取）；

（2）周期检测：相邻脉冲之间的时间（外部脉冲到来读取时间）；

（3）脉宽检测：利用门控位，结合定时器实现。

参 考 文 献

［1］　边海龙，等.单片机开发与典型工程项目实例详解［M］.北京：电子工业出版社，2008.

［2］　徐宏英.单片机基础及应用项目式教程［M］.北京：机械工业出版社，2018.

［3］　盛希宁.基于单片机应用技术典型任务的教学项目开发与实践研究［J］.职教通讯，2013（21）：3－6.

［4］　刘娜.单片机实训课中实施教学合一的探索［J］.廊坊师范学院学报（自然科学版），2017，17（3）：122－125.

［5］　李清德，等.浅谈理实一体化教学模式在单片机课程中的应用［J］.职教论坛，2011（32）：32－33，36.

［6］　郭庆.“单片机应用技术”信息化实训教学改革的探索与实践［J］.科教文汇，2019（11）：87－88.

［7］　王京港，等.基于项目驱动及 Proteus 仿真的单片机教学改革探索［J］.中国电力教育，2013（22）：138－139，143.

［8］　翟红.基于单片机的农业智能节水灌溉系统设计［J］.办公自动化，2015（9）：63－64，54.

［9］　王建强.基于单片机的大棚温湿度控制器的设计［J］.科技经济导刊，2018，26（15）：90.

［10］　杨成慧，等.一种基于 STC89C52 的智能窗帘控制系统设计［J］.自动化与仪器仪表，2016（6）：246－248，250.

［11］　涂颖，等.基于 STM32 智能门禁控制设计［J］.电子制作，2018（15）：5－6，9.

［12］　陈宇飞，等.基于单片机的自动售水机的研究［J］.黑龙江科技信息，2016（8）：82.

［13］　牛亚莉.基于单片机的智能交通灯控制系统设计［J］.电子设计工程，2020，28（18）：136－139.